# CONTRIBUTION A L'ÉTUDE

## DES

# SÉRUMS THÉRAPEUTIQUES

PAR

## Le Docteur Jean-Julien GARRES

Né à SAINT-CÉZERT (Haute-Garonne)

∽∘⊙∘∽

TOULOUSE

IMPRIMERIE MARQUÉS & Cie, BOULEVARD DE STRASBOURG, 22

1897

# CONTRIBUTION A L'ÉTUDE

### DES

# SÉRUMS THÉRAPEUTIQUES

PAR

## Le Docteur Jean-Julien GARRES

Né à SAINT-CÉZERT (Haute-Garonne)

———— ∽§∾ ————

TOULOUSE
IMPRIMERIE MARQUÉS & Cie, BOULEVARD DE STRASBOURG, 22
—
1897

A LA MÉMOIRE DE MON PÈRE

———

A MA MÈRE

———

A TOUS MES PARENTS

———

A TOUS MES AMIS

A MON PRÉSIDENT DE THÈSE

# Monsieur le Docteur RÉMOND

PROFESSEUR A LA FACULTÉ DE MÉDECINE

# INTRODUCTION

—

*Sanguis, olim Vitæ Mortisque rector, nunc acie mentis pressus, per liquidum liquorem, quondam a carnificibus sparsum, cum veneno robora fundit, viresque juventutis ægerrimis ministrat.*

LAURENTIUS TYDALT

Nous avons été amené, au cours de nos quelques mois d'exercice médical, à faire usage de ces méthodes thérapeutiques que les succès obtenus par le sérum de Roux ont récemment mises à la mode.

Comme, d'autre part, nous avions eu, au cours de nos études, l'occasion fréquente d'assister à des recherches faites sur des sujets qui touchaient de très près à ces questions, nous avons pensé que, en résumant les données fournies par les différents auteurs et en y encadrant les quelques faits personnels que, nous ou nos maîtres avaient pu relever, soit au laboratoire, soit dans la clientèle, il nous serait loisible de prendre comme sujet de notre travail inaugural les sérums thérapeutiques.

A proprement parler, on devrait ne considérer

comme sérum thérapeutique que le « liquor » du sang d'un animal vacciné ou réfractaire, ce terme étant pris en opposition avec le « cruor » des anciens. Mais on est arrivé à donner ce nom de sérum à un certain nombre de liquides qui représentent, soit la « liquor » préparée d'une façon spéciale, soit des liquides dont la composition rappelle de près ou de loin la composition du sérum sanguin. Tel le sérum artificiel qui n'est autre chose qu'une solution de sel de cuisine dans de l'eau.

Il résulte de cette extension du terme sérum qu'il devient très difficile d'en donner une définition et qu'il nous est nécessaire, au lieu de nous renfermer dans un cadre strictement limité par la valeur du mot, d'avoir recours à un groupement purement empirique.

Nous donnerons d'abord la valeur, comme agent biologique, du sérum normal. Nous disposons à cet égard, grâce à l'obligeance de M. Leclainche, professeur à l'Ecole vétérinaire, d'un certain nombre de documents que nous l'avons d'ailleurs aidé à recueillir et nous chercherons à dégager de ces faits une idée générale de l'action du sérum normal sur un individu également normal, toute idée thérapeutique étant écartée.

Dans un second chapitre, nous passerons en revue les sérums spécifiques, c'est-à-dire ceux qui sont employés pour soigner une maladie dont l'agent pathogène est connu.

Nous aurons au cours de ce chapitre, qui risquerait

peut-être de sembler bien prétentieux venant après le congrès de Nancy, à exposer un certain nombre de faits inédits sur la sérumthérapie de la tuberculose.

Un troisième chapitre sera consacré à la revue des moyens sérumthérapeutiques employés pour combattre les affections de nature inconnue comme le cancer, et des sérums artificiels ou naturels auxquels on a recours dans les infections en général.

Enfin nous chercherons à nous rendre compte de la valeur réelle des faits exposés. On voudra bien ne pas nous tenir rigueur de ce que les critiques d'un spectateur peu initié aux mystères du laboratoire pourraient avoir d'imprudent.

Qu'il nous soit permis de témoigner à M. le doyen Labéda notre reconnaissance pour la bienveillante sympathie qu'il nous a toujours montrée au cours de nos études médicales.

M. le professeur Leclainche voudra bien recevoir nos remerciements pour l'amicale hospitalité qu'il nous a toujours offerte et son affectueuse collaboration quand il nous a permis de travailler dans son laboratoire.

Que tous nos maîtres de la Faculté de Toulouse veuillent bien accepter l'expression profondément respectueuse de notre gratitude pour la bienveillance qu'ils nous ont toujours témoignée.

Que tout particulièrement M. le professeur Rémond

accepte nos remerciements pour les bons conseils qu'il n'a cessé de nous prodiguer pendant les cinq dernières années de nos études médicales. Nous nous permettons de le remercier publiquement comme maître et nous ne cesserons de lui témoigner la reconnaissance que nous lui devons comme ami.

# CHAPITRE PREMIER

Lorsqu'on vient à injecter le sang d'un animal à un animal d'espèce différente, dans les veines, on observe un certain nombre de phénomènes qui, connus depuis déjà très longtemps, ont été jadis un des principaux arguments contre la transfusion de l'animal à l'homme. Des théories émises par Hayem, il semblait que les accidents étaient dus à la destruction de certains éléments du sang de l'individu récepteur et à la formation de caillots ou d'embolies de différente composition dont le résultat le plus clair était d'amener la mort.

Au cours des expériences que nous avons entreprises avec MM. Leclainche et Rémond, nous avons précisément cherché à résoudre cette question, de savoir si le sang injecté dans les veines agissait comme agent toxique ou simplement comme corps étranger ; c'est ainsi qu'en injectant du sang de bœuf dans les veines du lapin nous avons trouvé que le coefficient de toxicité, c'est-à-dire la quantité de sang nécessaire pour tuer un kilogramme d'animal, était de 21 centimètres cubes. Si les accidents étaient dus à une action mécanique, l'intervention se produirait quel que soit l'animal auquel on emprunte le sang pour l'injection.

Au contraire, le coefficient de toxicité devient 19 pour le chien, 3o pour le chat, 85,3 pour le cheval et ne se rapproche sensiblement de celui du sang de bœuf que pour le sang de mouton pour lequel il s'élève à 23:

| Sang de | Coefficient pour le lapin |
|---|---|
| Bœuf...................................... | 21 |
| Chien ............................ | 19 |
| Chat.................................. | 50 |
| Mouton........................... | 23 |
| Cheval............................... | 85,3 |

Nous nous trouvons donc en présence d'une toxicité réelle; d'ailleurs il n'existait chez aucun des animaux autopsiés ni thrombose. ni embolie.

A un autre point de vue, il est intéressant de décomposer, en ses éléments, le sang, pour savoir quelle en est réellement la partie toxique et si les sérums dont nous allons étudier les applications thérapeutiques ne possèdent pas des propriétés qui les rendent *actifs* alors même que l'animal producteur est normal.

Si, en effet, nous étudions la réaction du lapin vis-à-vis du sérum d'un certain nombre d'animaux, nous trouvons les résultats suivants:

Le lapin gris vulgaire succombe lorsqu'il a reçu une moyenne de 22 cc 45 de sérum de bœuf dans les veines, par kilogramme d'animal. C'est là le coefficient séro-toxique. Ce coefficient devient 43,5 pour le chien, 1o pour le mouton, 23 pour le chat, 30 pour l'homme, 40 pour le cochon, 98,2 pour le lapin et 104,5 pour le cheval.

| Sérum de | Coefficient pour le lapin |
|---|---|
| Bœuf....................... | 22cc 45 |
| Chien....................... | 43, 5 |
| Mouton...................... | 10 |
| Chat........................ | 23 |
| Homme...................... | 30 |
| Cochon...................... | 40 |
| Lapin....................... | 98, 2 |
| Cheval...................... | 104, 5 |

Il s'agit encore certainement ici d'une action toxique, dans laquelle l'*état vital* de la substance employée joue un rôle des plus importants. C'est ainsi que la toxicité du sérum de mouton conservé pendant 24 heures à l'abri de l'air et à l'abri de toute cause d'altération, passe comme coefficient sérotoxique, de 10 à 63,33. D'autre part, la qualité de l'animal récepteur a une importance non moins considérable, et tandis qu'un kilogramme de lapin gris est tué par 22,45 de sérum de bœuf, il suffit de 12,37 du même sérum pour tuer un kilog. de lapin russe.

Si l'on vient maintenant à employer, non plus le sérum mais le produit de la filtration du caillot préalablement trituré, on constate que la toxicité prend une importance beaucoup plus grande. Il suffit de quatre centimètres cubes de caillot de chien pour tuer un lapin de 1,500 grammes. Dix centimètres cubes de même produit fourni par le caillot de l'homme tuent un

lapin de même poids. Le coefficient de toxicité est de
6,7 centimètres cubes pour le caillot de lapin, de
11 pour celui de cochon, de 14 pour celui de bœuf et de
chat, de 16 pour celui de mouton et de 27 pour celui
de cheval.

Caillot de

| | |
|---|---|
| Chien | <4 |
| Homme | <10 |
| Cochon | 11 |
| Lapin | 6,7 |
| Bœuf | 14 |
| Chat | 14 |
| Mouton | 16 |
| Cheval | 27,77 |

Cette toxicité diminue pour un certain nombre de
ces liquides par l'adjonction d'eau salée. C'est ainsi
qu'un volume de jus de caillot de chien additionné de
deux volumes d'eau salée à 7 pour cent présente un
coefficient de toxicité égal à 26. Le mélange à parties
égales ne ramène le coefficient qu'à 25,6. De même,
pour le caillot de sang de lapin, la toxicité passe de
6,7 à 28, celle du caillot de sang de cochon diminue
de 11 à 15, et celle du caillot d'homme de 8 environ
à 20. Il ne s'agit pas ici d'une action de dilution, car on
observe une proportion inverse quand il s'agit du
caillot de sang de cheval. Le mélange fait en effet
augmenter l'action toxique qui passe de 27,77 à 16,5
et augmente encore pour atteindre 11,8 quand on
laisse séjourner, en contact pendant 24 heures, l'eau
salée et le jus de caillot.

Nous avons soigneusement tenu compte, au cours

de ces expériences, des causes d'erreurs qui auraient
pu tenir, soit aux variations de température des liquides, soit à la plus ou moins grande rapidité de l'injection ; d'ailleurs, nous aurons fait la preuve de la
toxicité des liquides employés si nous constatons
encore son existence en changeant à la fois le mode
de pénétration et l'animal récepteur.

Un cobaye reçoit dans le péritoine 20 centimètres
cubes de sérum de mouton, il meurt dans le coma et
le refroidissement 19 heures après. Les premières
heures, l'animal a été secoué par des secousses épilep-
tiformes extrêmement violentes. A l'autopsie on trouve
que le sang du cœur est liquide, et nulle part il n'existe
dans les veines un obstacle à la circulation.

Les effets toxiques ne sont pas moins nets si l'on
emploie le sang total : 30 centimètres cubes de sang de
vache tuent un cobaye en 12 heures ; 20 centimètres
cubes de sang de chien tuent en 1 heure. La mort est
retardée de quelques jours quand on diminue la dose
de sang ; ainsi, 20 centimètres cubes de sang de vache
injectés dans le péritoine tuent un cobaye en 6 jours.
En réduisant davantage les doses, les phénomènes
convulsifs et l'abattement durent un temps variable, et
proportionnel à la quantité de sang injecté. Enfin, la
toxicité est variable suivant l'animal dont on prend le
sang ; si, en effet, 20 centimètres cubes de sang de
chien tuent en 1 heure et 20 centimètres cubes de sang
de vache en 6 jours, la même dose de sang de cheval
reste inoffensive.

Il résulte donc de ceci que l'action du sang et de

ses éléments constitutifs est bien une action toxique comme nous le disions en commençant.

Quelle est la cause de cette toxicité?

MM. Mairet et Bosc (1) ont cherché à caractériser chimiquement la substance active dont les expériences ci-dessus et un certain nombre de recherches faites par eux postérieurement aux nôtres ont démontré l'existence. Mais comme ils ont employé des réactifs dont la première action est de coaguler l'albumine, c'est-à-dire de provoquer dans son état moléculaire des modifications telles que les fonctions chimiques en soient à coup sûr changées, nous n'insisterons pas plus longuement sur le résultat de leurs expériences, pas plus que nous ne nous sommes permis de nous engager dans cet ordre de recherches. Tout au plus les moyens physiques les plus délicats, tels que la dyalise ou la distillation dans le vide et à basse température permettraient-ils de dissocier un peu les facteurs complexes en présence desquels nous nous trouvons.

Ce qu'il importe pour nous de retenir des expériences relatées ci-dessus, c'est la valeur biologique du sérum qui constitue par lui-même, et indépendamment de toute introduction de produits toxiques ou virulents dans l'organisme de l'animal producteur, une substance toxique. Cette toxicité qui varie à la fois avec l'animal producteur et l'animal récepteur, mais sur laquelle n'influent d'une façon essentielle ni la porte

(1) MM. Mairet et Bosc, *Société médicale*, 1894, p. 287, 207, 320.

d'entrée, ni la dilution, se trouve exister au minimum chez le cheval. C'est là une coïncidence heureuse avec ce fait que le cheval fournit une quantité considérable de sérum. C'est d'ailleurs à lui qu'on s'est adressé pour la production de la plupart des sérums thérapeutiques que nous allons maintenant passer en revue.

# CHAPITRE II

Dans une thèse de 1896, M. Meyer(1) a cherché à donner une classification des sérums. Il distingue :

1° Les faux sérums, les sérums artificiels, ceux qui, privés d'albumine, ne sont que des solutions aqueuses minéralisées ;

2° Les sérums vrais de sujets normaux ;

3° Les sérums vrais de sujets vaccinés :

4° Les sérums vrais de sujets intoxiqués.

Cette classification semble être le premier essai fait dans ce sens. Mais l'état de la science n'est pas encore assez avancé, les éléments constitutifs des sérums sont encore trop peu connus, pour que l'on puisse établir une classification vraie. Nous nous bornerons donc à les diviser en sérums spécifiques et sérums non spécifiques en faisant rentrer dans les premiers tous ceux qui, correspondant à une maladie dont l'agent pathogène est connu, ne sont employés que pour combattre les effets pathologiques de cet agent, tels le sérum anti-diphtéritique, anti-streptococcique, anti-pesteux, etc., etc.

Le second groupe comprend les sérums employés

(1) Meyer. Thèse de Paris, 1896, R. S. M., fasc. 2, 1896, p. 454.

2

dans un but thérapeutique contre des maladies dont la
nature nous est inconnue, tels : le cancer, la syphilis ;
et les sérums, soit naturels, soit artificiels, c'est-à-dire
les solutions salines, employés au cours des infections
des intoxications ou des auto-intoxications graves,
que l'on cherche à combattre sans viser plus spécialement l'agent pathogène..

Le premier groupe pourrait être à son tour divisé
selon que l'infection que l'on veut combattre est due
à un bacille ou à un coccus : mais, il ne semble pas
qu'il y ait là un caractère distinctif suffisant pour
justifier une classification, et nous nous bornerons
donc à suivre l'exemple qui nous a été donné par les
orateurs du Congrès de Nancy, 1896, et à énumérer
les différents sérums actuellement en usage.

## § I. — DIPHTÉRIE

Nous n'avons pas l'intention de relater ici le mode
de préparation du sérum diphtéritique, la question est
trop connue, nous voulons seulement mettre en regard
un certain nombre de statistiques et les quelques
objections qui ont été faites à ce mode de traitement.

Dans les premiers résultats publiés, Roux (1) indique une proportion de 22,44 p. % de décès dans les
cas de croup sans associations microbiennes et

(1) Roux, Sem. méd., p. 410, 1894.

de 63 p. % dans les cas où ce microbe se trouvait associé avec le streptocoque. Les angines simples diphtéritiques avec association au streptocoque avaient donné une mortalité de 34.28 p. % au lieu de 87 p. %, chiffre normal.

Aronson (1) avait obtenu une mortalité de 11.2 p. %.

Moizard (2) rapporte deux cent trente-une observations dans lesquelles le diagnostic bactériologique a été fait et qui donne une mortalité globale de 14.71 pour cent. Cette statistique se décompose ainsi :

| | | |
|---|---|---|
| Diphtérie pure. Mortalité............ | 4,54 p. %. | |
| Diphtérie associée.. { Strep. Mortalité, Staph. — } | 14,28 | — |
| Croup simple. Mortalité............. | 18,8 | — |
| Croup associé. — ............. | 17,61 | — |
| Trachéotomie. — ............. | 40 | — |

Dans une discussion que nous aurons à reprendre tout à l'heure et qui eut lieu le 9 novembre 1894, à la Société de médecine de Berlin, Virchow rapporte que la mortalité des enfants non traités s'élève à 47.82 %, tandis que celle des enfants traités n'atteint que 13.5 %.

A la même époque (3), Legendre apportait une statistique avec une mortalité de 12.5 p. %, mais formulait déjà un certain nombre de réserves analogues à celles des membres de la Société de Berlin, réserves que nous avons à développer un peu plus tard.

(1) Aronson. Sem. méd., p. 416, 1894.
(2) Moizard. Soc. méd. des Hôp. 7 décembre 1894.
(3) Soc. méd. des Hôp., 14 décembre 1894.

Lebreton a obtenu une mortalité de 11.27 p. % et Sevestre, des chiffres analogues à ceux de M. Moizard.

Widerhofer (1) n'a eu que vingt-quatre morts sur cent cas.

Wolff (2), Korte, Baginsky s'accordent à reconnaître la valeur du traitement.

Escherich (3) (de Gratz) a eu 90.4 p. % de guérison.

Soltmann (4) a obtenu une mortalité moyenne de 22.8 p. %.

Et enfin, en 1896, Crohn (5) n'a eu que cinq morts sur cent cinquante diphtériques, alors qu'en se basant sur les épidémies antérieures, il eut probablement eu à constater une vingtaine de décès.

Comme on le voit, les chiffres fournis par les statistitiens restent sensiblement semblables à eux-mêmes, depuis le moment où le serum de Behring et Roux est entré dans la pratique. Ces chiffres dont nous ne donnons qu'un petit nombre d'exemples, et ceci pour éviter des redites inutiles, sont basés sur des séries de cas dans lesquels le diagnostic bactériologique a été fait d'une façon rigoureuse; mais il faut bien se dire qu'il y a précisément là une cause d'erreur importante

(1) Widerhofer. Sem. méd. p. 520, 1894.

(2) Wolff. Soc. méd. Berlin, 12 décembre 1894.

(3) Escherich. Sem. méd., 1805, p. 99.

(4) Soltmann. Jahrb. f. Kinderh, XLII, p. 1, 1895.

(5) Crohn. Deut. mad. Woch. n° 17, p. 268, 23 avril 1896.

quand on compare les résultats fournis par les statistiques antérieures avec celles que l'on recueille à l'heure actuelle.

Un très grand nombre de cas n'étaient pas considérés autrefois comme diphtéritiques, chez lesquels on constate la présence du bacille de Löffler ; c'étaient les angines dites pultacées, qui guérissaient pour ainsi dire seules, et dont l'entrée en ligne de compte diminue tout naturellement le chiffre de la mortalité moyenne. D'ailleurs, dès le début, les critiques n'ont pas manqué. Ritter (1) prétendit que le sérum déterminait des altérations graves du cœur et des reins. Il fut appuyé, dans la même séance, par Haussmann, qui se refusait à admettre les propriétés spécifiques du sérum. Gnaendeinger (2) publiait une série de 27 cas sur lesquels il avait eu 11 morts.

Enfin, Ritter prétendait avoir vérifié l'action nocive du sérum sur les reins des animaux.

D'ailleurs, à Paris, à la même époque, Legendre formulait des réserves basées sur le même danger et Moizard signalait un certain nombre d'accidents dont les plus marqués étaient des érythèmes, d'intensité parfois fort sérieuse.

Ces objections ont d'ailleurs continué dans les années suivantes. Drasche (3) dit que la médication ne

(1) Ritter. Soc. méd. de Berlin, 19 décembre 1894.

(2) Gnaendeinger. Semaine médicale, p. 570, 1894.

(3) Drasche. Soc. Imp. Royale de méd. de Vienne, 26 janvier 1895.

remplit pas les espérances qu'elle avait fait conce-
voir et prétend n'avoir sur 31 cas traités par le sérum
pu constater la moindre modification dans la marche
de la maladie. Kolisko s'associe aux réserves du précédent et insiste avec lui, quant aux réserves que lui
inspirent des accidents rénaux et articulaires. Les
mêmes arguments sont repris à la même Société quelques jours plus tard par Kassowitz, qui fait aux statistiques publiées jusqu'à ce moment, c'est-à-dire deux
mois et demi environ après le début de l'emploi du
sérum à Vienne, les mêmes objections que celles que
nous formulions plus haut.

La situation reste la même pendant toute l'année 1895. On signale, à la *Société Médicale des Hôpi-
taux*, des accidents fébriles provoqués par l'injection
(Rendu, Legendre) (1). D'autres attirent l'attention sur
l'existence, malgré le traitement, des accidents paraly-
tiques (Le Fillatre) (2).

Au début de 1896, Hennig (3) attaque violemment la
sérothérapie de la diphtérie. Ayant pratiqué l'examen
de 63 cas d'angine pseudo-membraneuse, il n'a trouvé
le bacille de Löffler que dans 55,5 o/o des cas et l'a ren-
contré aussi bien dans la diphtérie pure que dans les
angines folliculeuses et lacunaires et dans un cas de
pharingite aphteuse de Hering.

(1) Rendu, Legendre. Soc. Méd. des Hôp., 8 mars 1895.

(2) Le Fillatre. Gaz. hebd. Paris, 23 avril 1895.

(3) Hennig. Berlin, Klin. Woch, n° 1, p. 23, 6 janvier 1896.

Des malades chez lequel le bacille de Löffler faisait défaut ont présenté postérieurement des paralysies diphtéritiques typiques. L'auteur en conclut que le bacille de Löffler n'est pas nécessairement l'agent spécifique de la diphtérie et, par conséquent, qu'une médication dirigée spécialement contre ce bacille ne saurait être considérée comme spécifique. Lui-même prétend avoir soigné, depuis dix-huit ans, 1,927 cas avec une mortalité de 3,06 o/o seulement.

Gottstein (1) apporte une statistique de 1,805 guérisons relevées à Berlin, dans le premier trimestre de 1895, sur lesquelles 420, soit 23 o/o, présentèrent des accidents d'intoxication. Il arrive à cette conclusion, que le sérum est bien véritablement, dans un certain nombre de cas, la cause de la mort et proteste contre l'emploi préventif du médicament qui aurait, dans 4 cas où la diphtérie n'était pas en cause, provoqué la mort du sujet.

Vers la fin de 1896, les réserves s'accentuent. Bernheim (2) pense, en s'appuyant sur une statistique personnelle, que la diphtérie s'atténue et il se demande si cette constatation ne devrait pas faire apporter une certaine prudence dans l'appréciation de la sérothérapie. Sörensen (3), après avoir étudié le sérum à l'hôpital de Blydam, à Copenhague, constate que la mor-

(1) Gottstein. Thérap. monatsh., mai 1896.

(2) Bernheim. Thérap. monat., p. 315, juin 1896.

(3) Sörensen. Thérap. monat., p. 411, août 1896.

talité pour les cas traités avec ou sans sérum est à peu près la même, et enfin Langerhans (1) perd son fils après une injection préventive de un centimètre cube.

On pourrait nous objecter que ces critiques, d'origine étrangère pour la plupart, sont suspectes du fait même de leur origine, mais cette objection tombe quand on sait que Behring a été le promoteur de la méthode ; et il est certain que si la sérothérapie semble aussi rendre la mortalité moins fréquente, elle a enrichi le tableau clinique de la diphtérie d'un assez grand nombre d'accidents très rares jusqu'ici ; les uns sont insignifiants comme les érythèmes simples ; d'autres plus sérieux comme certaines poussées fébriles au cours desquelles la température dépasse brusquement 40° ; d'autres enfin réellement graves telles que les arthropathies et les néphrites dont on ne voit bien souvent apparaître l'albuminurie symptomatique qu'après la première injection.

Il semble logique d'attribuer ces accidents au sérum lui-même (2). Béclère, Chambon, Saint-Yves et Ménard ont étudié le sérum de cheval à ce point de vue particulier. Ils ont constaté les mêmes accidents que ceux que l'on reproche au sérum anti-diphtéritique ; Cobbett (3) est même arrivé à conférer l'immunité contre la diphtérie par le sérum de chevaux normaux

(1) Langerhans, Berlin. Klin-Woch, n° 23, 8 juin 1896.
(2) Annales de l'Institut Pasteur, v. 10, p. 567, oct. 1896.
(3) Cobbett Journal of. pathol. and bact., n° 4, janvier 1896.

à la dose de 5 centimètres cubes par kilog. d'animal, dose notablement inférieure au coefficient sero-toxique résultant de nos expériences.

Nous n'ajouterons pas à cette énumération, déjà longue, les quelques faits personnels de diphtérie traités par nous dans la clientèle au moyen du sérum, nous avons eu toujours à faire un nettoyage antiseptique rigoureux de la gorge malade, et si nous avons obtenu des résultats favorables, nous ne pouvons apprécier d'une façon absolue la valeur d'un médicament auquel on a attribué depuis 2 ans trop de succès, pour qu'on puisse mettre en doute sa valeur réelle. La seule réserve que nous puissions d'une façon précise résulte de ce que nous avons dit sur la toxicité du sérum de cheval.

## § 2. — Infection à streptocoques

De tous les microbes pathogènes, celui qui s'associe le plus volontiers au bacille de Löffler, c'est le streptocoque. Après l'avoir différencié en steptocoque de l'érysipèle et en streptocoque pyogène, on a reconnu que ces deux organismes pathogènes n'étaient que des états différents du même microbe. Le danger de son association à la diphtérie, la gravité des accidents qu'il provoque lorsqu'il se cultive dans une cavité presque close comme l'utérus puerpéral, la facilité de sa culture chez les animaux, ont permis à Ruffer, à Marmorek et à d'autres, de préparer un sérum grâce auquel on peut combattre l'infection streptococcique dans tous ses modes.

Les premiers essais eurent lieu par Marmorek (1) dans le service de M. Chantemesse. Sur 46 cas graves d'érysipèle, un seul malade, âgé de 76 ans, succomba à une infection pneumococcique intercurrente.

La température s'abaisse rapidement, en général en 24 heures. L'albuminurie disparaît, l'état local s'amende rapidement et les abcès secondaires à l'érysipèle ne se produisent plus.

Charrin et Roger (2) publièrent au même moment deux observations de septicémie puerpérale guérie par le même sérum ; un cas d'érysipèle de la face chez un enfant d'un mois élevé en couveuse, également guéri, et enfin une observation d'une angine pseudo-membraneuse grave au cours de laquelle une amélioration survint rapidement.

Depuis, les cas se sont multipliés de septicémie puerpérale guérie par la même méthode. O. Josne et A. Hermary (3), Jacquot de Creil (4), Debaisieux (5) ont obtenu un succès complet dans les infections puerpérales graves. Nous-même avons eu l'occasion d'en vérifier les effets chez une femme de 22 ans qui présentait au 12ᵐᵉ jour après l'accouchement un état infectieux extrêmement grave avec lochies fétides, déter-

(1) Marmorek. Soc. de Bio¹. 30 mars 1895.

(2) Charrin et Roger. Soc. de Biol, 23 février et 30 mars 1895.

(3) Josne et Hermary. Soc. de Biol. 1895. T. II, p. 340.

(4) Jacquot (de Creil). Soc. de Biol. 1895. T. II, p. 358.

(5) Debaisieux. Ann. de la Soc. belge de Chermy, 15 déc. 1895.

minations articulaires, soubresauts de tendons, etc.
La température, qui oscillait entre 40° et 41°, revint à
la normale après une injection de 20 centimètres cubes
deux de 10 centimètres cubes de sérum de Marmorek.

Non seulement l'érysipèle, mais les infections du
tissu cellulaire, sont également justiciable de ce traitement.

Francis Heatherley (1) cite une observation d'un
jeune homme de 15 ans atteint d'un furoncle infectieux à l'angle de la bouche. Malgré l'incision de ce
furoncle, il se produisit un gonflement progressif considérable de la face accompagné d'un état typhoïde
grave. Le 9e jour on fait une injection de sérum de
Marmorek, suivie d'une autre, de 10 gr. chaque.
L'œdème diminue, l'état local s'améliore, mais le malade meurt par le cœur.

Ch. Ballance et F. Abbot (2), publient une observation
de même nature dans laquelle le sérum vint à bout d'une
infection grave : « Le Dr G... se pique le pouce en faisant une autopsie d'une femme morte d'une péritonite
suppurée. Le jour même, gonflement, douleur, lym-
phangite et adénite axillaire. Le lendemain matin,
incision du pouce, état général mauvais, frissons ;
érythème septique scarlatiniforme généralisé, bouffis-
sure de la face, hyperthermie, pouls petit, inégal et
fréquent, dyspnée, toux, albuminurie.

(1) Francis Heatherley (Brit. med. J.) p. 1416, 7 décembre 1895.
(2) Balance et Abbot (Brit. med. journ.), p. 2, 4 juillet 1896.

Dans ces conditions, toutes les quatre heures, on pratique une injection de sérum à la dose de 3 cent. cubes 1/2. Six heures après la première injection, un mieux se produit, mais le rasch devient hémorragique.

Le lendemain, abaissement de la température, mais œdème marqué du poignet; large incision sans évacuation de pus. Dans la journée, on double la dose de sérum, amélioration sensible jusqu'à la convalescence. Le malade, en tout, a subi 28 injections.

En présence des différents résultats obtenus avec ce sérum dans un certain nombre d'affections au cours desquelles le streptocoque joue un rôle important, Marmorek (1), se basant sur la présence dans la scarlatine du streptocoque, dans les angines, dans les bubons, les reins, l'endocarde, la plévre, l'oreille, etc., a essayé, du 16 octobre au 31 décembre 1895, l'emploi du sérum sur 96 enfants atteints de scarlatine et entrés dans le service de M. Josias, à l'hôpital Trousseau.

L'examen au microscope montra chez tous la présence du streptocoque seul ou associé à d'autres microbes. Chez 17 enfants, on trouva le bacille de Löffler; 4 de ces derniers moururent malgré le traitement par les deux sérums. Ces enfants étaient tous restés chez eux sans traitement. Un enfant de 2 ans succomba 15 jours après le début de sa scarlatine à une pneumonie double et franche.

(1) Marmorek. Ann. de l'Institut Pasteur, 1896, t. XII, p. 45.

Tous les enfants reçurent à leur rentrée 10 centimètres cubes de sérum, dose qui était doublée si l'état général était grave. Comme traitement, injection de sérum
et lavage antiseptique de la gorge. On répéta les injections journalières jusqu'à la chute de la température.
Ordinairement une ou deux ont suffi. Aussitôt qu'un
bubon ou des traces d'albuminurie se montraient, on
recommençait les injections de sérum jusqu'à ce que
l'état redevint normal. La quantité totale employée
était de 10 à 30 centimètres cubes pour les cas ordi-
naires, elle fut portée dans les cas graves jusqu'à
80 centimètres cubes.

L'effet le plus net du sérum antistreptococcique se
manifesta sur le bubon. Dix-neuf enfants eurent des
bubons au cou. Les ganglions dégonflèrent tous sans
exceptions, de sorte qu'il n'y eut pas un seul cas de
suppuration.

D'une façon générale, on peut dire que le sérum de
Marmorek prévient et arrête toutes les complications
streptococciques de la scarlatine, tandis que la fièvre
due au virus scarlatineux continue son évolution
et que l'éruption scarlatineuse suit sa marche normale.

On sait, depuis la thèse de Mosny, que la broncho-
pneumonie est due, pour ainsi dire, exclusivement à
une infection streptococcique.

Nous donnons ici l'observation d'une malade qui
présenta une broncho-pneumonie très grave rapidement améliorée par le sérum.

OBSERVATION I. — Mme D..., 33 ans.

*Antécédents héréditaires.* — Mère nerveuse.

*Antécédents personnels.* — Fièvre typhoïde ; rougeole à 25 ans ; pleurésie ancienne ; actuellement, grossesse au quatrième mois.

*Samedi 29 février 1896.* — Facies vultueux, yeux plombés, inappétence, carphologie légère, soubresauts de tendons, agitation, insomnie, vomissements. Température, 38°5 ; pouls 142, petit.

Foyer d'hépatisation au sommet droit, à la base zone atélectasiée. Depuis l'épine de l'omoplate jusqu'à environ deux travers de doigt au-dessus de la limite supérieure du foie, râle crépitant, sous-crépitant, souffle, etc., disséminés en foyers multiples. A gauche, broncho-pneumonie nette.

Le samedi soir, cystite cantaridienne, albuminurie abondante.

Le samedi, le dimanche et le lundi, extrémités froides, température axillaire basse, pouls petit, misérable, aux environs de 150 ; cyanose légère, collapsus marqué.

Le lundi, état stéthoscopique comme ci-dessus, injection de sérum antistreptococcique, 10 centimètres cubes à 6 heures et à 10 heures du soir.

Le mardi, les phénomènes stéthoscopiques se sont considérablement modifiés. Sauf le foyer atélectasié à la partie inférieure du poumon droit et le bloc hépatisé du sommet, tous les autres phénomènes pathologiques ont disparu. Le pouls est plein à 120, la température atteint 39°5.

L'état se maintient identique le mardi, mercredi, jeudi et vendredi. Le bloc pulmonaire supérieur ne se résout pas, le pouls reste rapide.

Le jeudi, la température atteint encore 39° 1/2.

Le vendredi, injection de 10 centimètres cubes de sérum.

Le samedi : temp. 36°8, pouls 100. Il ne reste plus qu'un point d'hépatisation avec râles de retour contre la colonne vertébrale, de la dimension d'une pièce de 5 francs, et un autre tout à fait au sommet, au niveau de la base de l'apophyse coracoïde. La guérison survint rapidement.

De tout ceci, il semble résulter que nous possédons dans le sérum de Marmorek un agent suffisamment actif pour en autoriser l'emploi chaque fois qu'il s'agit des infections à streptocoques. Le diagnostic *clinique* en est plus facile, dans la plupart des cas, que celui des infections à bacille de Löffler, et on ne court pas ici, comme pour le sérum de Behring-Roux, le risque d'employer à tort l'agent thérapeutique ; de même les résultats sont plus concluants, la statistique n'introduisant pas ici, comme pour les angines, des éléments qui rendent difficiles l'appréciation et la critique.

## §. 3. — FIÈVRE TYPHOIDE

On connaît les récentes recherches de Widal sur le sero-diagnostic de la fièvre typhoïde. Il semble que l'attention se soit plutôt laissé entraîner de ce côté, et que le traitement de la fièvre typhoïde par les sérums soit resté un peu dans l'oubli. Les premières recherches dans ce sens datent des travaux de Stern (1), qui montra qu'il était possible de protéger les animaux contre l'infection typhique en leur inoculant préalablement du sérum retiré à des malades convalescents de fièvre typhoïde. Mais ces recherches, faites sur le cobaye, restent soumi-

(1) Zeitscher, F. Hyg. Bd. XVI. H. 3.

ses à des causes d'erreur qui empêchèrent l'auteur
de tirer des conclusions fermes. Il en est de même
des recherches de Neisser (2) et de Pfeiffer et de Kolle.

Funck (3) a constaté que la toxine typhique était
contenue dans le corps même des bacilles ; il est
arrivé, au moyen du sérum d'animaux immunisés, à
obtenir des résultats extrêmement nets vis-à-vis de
l'infection typhique expérimentale.

Depuis, Bürger (1) a essayé, sur douze cas de
fièvre typhoïde, du sérum antitoxique de mouton
préparé par Beumer et Peiper. Les six premiers
cas ont reçu de 20 à 30 centimètres cubes de
sérum. Les six derniers, de 55 à 200. Dans quatre
cas, le sérum a paru avoir quelque influence sur
la marche de la maladie. D'autre part, deux cas
qui avaient été traités avant le dixième jour de la
maladie et avaient reçu de fortes doses (155 à 200),
n'ont été en rien influencés. L'un d'eux s'est terminé par la mort ; l'autre a présenté au vingt-
huitième jour une récidive grave qui a duré qua-
torze jours. Dans tous les cas, le sérum s'est mon-
tré inoffensif.

Plus récemment, M. Chantemesse aurait obtenu
un succès dans trois cas de fièvre typhoïde qui
serait revenue à l'état normal sept jours après le
début du traitement. Quoi qu'il en soit, les résul-

(2) Zeitscher, f. klin. Med. Bd. XXIII.
(3) Thèse de Bruxelles, 1896, Clamertin, éditeur.
(1) Deutsche med. Woch. No 9, 27 février 1896.

tats obtenus sont encore insuffisants, pour avoir autre chose que la valeur d'une simple indication.

## § 4. — Tétanos.

On doit à Tizzonï (1894) un sérum thérapeutique actif que l'on emploie contre le tétanos. Schwartz (1), Trevelgan (2), Vagedes (3), Withington (4) ont publié un certain nombre d'observations de tétanos guéri par l'emploi de ce sérum, mais il est très difficile de faire la part, dans ces guérisons, de ce qui revient réellement à l'action du sérum qui ne semble pas avoir eu d'influence sérieuse sur les cas graves et sans lequel auraient probablement guéri les cas relativement légers dans lesquels il semble avoir été employé avec succès. Cette affection est d'ailleurs rare en temps de paix. Elle ne représente pas 2 pour 1,000 décès en France.

Si la sérothérapie du tétanos est une chose acquise au point de vue expérimental et au point de vue vétérinaire, elle doit encore être considérée comme un désideratum en clinique humaine, et il est peu probable, étant donné les grandes quantités de liquide nécessaires pour un seul cas, qu'elle puisse jamais entrer d'une façon sérieuse dans le traitement du tétanos consécutif aux blessures de guerre.

(1) *Semaine médicale*, 1894.

(2) *Brit med. journ.* p. 311, 8 février 1896.

(3) *Zitscher. f. hyg.* XX.

(4) *Boston med. and surg. journ.*, 16 janvier 1896.

## § 5.

Klemperer, Maragliano, Audeoud ont injecté du sérum obtenu expérimentalement par la vaccination d'animaux avec le pneumocoque ou du sérum de pneumoniques en voie de guérison à des malades atteints de pneumonie.

Le total des individus ainsi traités est d'environ une soixantaine et il semble permis d'espérer qu'on obtiendra ici comme pour le streptocoque des résultats franchement favorables.

La sérothérapie de la morve, du charbon, de la colibacillose n'a pas été suffisamment étudiée chez l'homme pour permettre des conclusions,

On sait que Haffkine, Kolle (1), Freymouth ont obtenu un certain nombre de succès par la sérothérapie du choléra. Les résultats sont encore insuffisants et ne nous arrêteront pas plus longtemps.

## § 6. — PESTE

Dans la séance de l'Académie de médecine du 26 janvier 1897, M. Roux a donné connaissance des recherches de M. Yersin sur la sérothérapie de la peste.

M. Yersin immunisa d'abord de petits animaux, puis un cheval ; celui-ci fut saigné trois semaines après la dernière injection et son sérum fut essayé sur des

(1) Kolle. *Centralblatt für Bakter.* XIX. Nos 4 et 5.

souris. Les souris qui recevaient 1/10 de c. c. de sérum de cheval immunisé ne devenaient point malades quand douze heures après on les inoculait avec une culture sur sérum de la peste ; ce sérum était donc préventif.

Les souris inoculées de la peste depuis 12 heures étaient guéries par une injection de 1 cc. à 1 cc. 5. C'est dans ces conditions que fut tentée la sérothérapie chez l'homme.

Après être allé traiter un premier cas de peste avec succès à Canton, M. Yersin laissa dans cette ville une certaine quantité de sérum qui fut injectée également avec succès à deux pestiférés, puis se rendit à Amoy dont la population est moins hostile aux Européens que celle de Canton. En dix jours, 23 pestiférés ayant été traités, deux sont morts et 21 ont guéri, soit au total deux morts sur vingt-six cas, soit 7,6 %. La moyenne des guérisons est survenue en deux jours et la convalescence est rapide, tandis que d'ordinaire elle est longue et pénible même pour les malades atteints de peste bénigne.

La mortalité habituelle étant de 80 %, et les cas traités ayant été choisis au hasard et même plutôt parmi les cas alarmants, on peut considérer les résultats obtenus comme ne devant pas être démentis par la suite.

Ces faits empruntent aux circonstances actuelles un intérêt sur lequel il est inutile d'insister.

## § 7. — Tuberculose.

Les premières tentatives de sérothérapie de la tuber-
culoses faite par Richet et Héricourt, avec du sang de
chien contre la tuberculose aviaire, et par Bertin et
Picq avec du sang de chèvre, restèrent sans succès.
Cependant Bertin et Picq, Bernheim, Lépine avec le
sang de chèvre, Héricourt et Richet, Langlois et Saint-
Hilaire obtinrent en clinique des résultats qui ne
furent encourageants que probablement à cause de l'action tonique des sérums injectés. Feulard prétendit
aussi que le sang de chien améliorait le lupus et
Pinard s'en trouva bien chez les enfants issus de
parents tuberculeux. Mais encore une fois ici on ne
doit pas considérer ces succès (?) comme relevant
d'une action spécifique.

Nous ne rappellerons pas la tentative bruyante et
malheureuse de Koch, d'autant qu'il ne s'agissait pas à
proprement parler d'un sérum, mais simplement d'un
bouillon de culture contenant une toxine qui existe
d'ailleurs dans la sérosité des épanchements périto-
néaux ou pleurétiques des tuberculeux. M. Debove et
Rémond ont démontré l'existence de cette toxine dans
les liquides en question et ont obtenu avec ces sérums
les mêmes réactions sur le lupus que ceux que l'on
constate avec la *Kochine*.

Il est peu probable qu'il y ait là une substance réellement médicatrice; cependant il y a un fait à retenir :
lorsqu'on injecte à un individu atteint de tuberculose
cutanée par exemple, le sérum filtré provenant d'une

ascite tuberculeuse, on observe une élévation considérable de température. Il résulte, d'autre part, des recherches des mêmes auteurs que si on modifie par un
lavage la surface péritonéale d'un malade atteint
d'ascite tuberculeuse, il se produit, dans les heures qui
suivent ce lavage, une réaction fébrile intense, en
même temps que se fait la résorption du mélange
d'eau bouillie et de sérosité restée dans le péritoine.

Ils ont publié notamment l'observation d'une
malade qui non seulement guérit, ainsi que cela était
connu depuis longtemps d'ailleurs, de sa péritonite
tuberculeuse, mais présenta aussi une amélioration
très notable d'une lésion du sommet gauche.

D'autre part, il est bien certain que s'il existe des
substances susceptib'es de conférer l'immunité aux tuberculeux et surtout de guérir la tuberculose en voie
d'évolution, et si ces substances peuvent être préparées
comme les sérums thérapeutiques en général par la culture chez l'animal de l'agent pathogène, les tuberculeux ne succombent que parce qu'ils éliminent plutôt
les substances curatives que les substances toxiques.
Dans l'hypothèse contraire, il est évident que la tuberculose guérirait spontanément. Cette hypothèse est
d'ailleurs d'autant plus plausible que l'on trouve très
souvent à l'autopsie des vieillards des lésions tubercu-
leuses guéries sous forme de masses cicatricielles cré-
tacées dans le poumon, et ceci chez des sujets qui
n'avaient jamais été suspects de tuberculose. Il était
donc logique de chercher si l'on ne pourrait trouver
la trace de ces substances immunisantes dans les

sécrétions des tuberculeux en passe de devenir phti-
siques.

Une première série de cobayes fut mise en expé-
rience :

$$A\ldots\ldots\ldots \quad 621 \text{ gr.}$$
$$B\ldots\ldots\ldots \quad 278 \text{ gr.}$$
$$C\ldots\ldots\ldots \quad 256 \text{ gr.}$$

Chacun d'eux reçoit chaque deux jours dans le péritoine 4 centimètres cubes d'urine de tuberculeux fraîche, bouillie et filtrée à partir du 11 novembre.

Le 7 décembre, les cobayes B et C ont reçu ainsi
48 centimètres cubes d'urine bouillie et stérilisée ; A
n'en a reçu que 44 centimètres cubes.

On leur inocule de la matière tuberculeuse fraîche
prise chez un cobaye inoculé et mort le matin.

On inocule de même trois cobayes témoins, D, E et
F.; D succombe de péritonite le lendemain.

$$E \text{ pèse}\ldots\ldots\ldots \quad 332 \text{ gr.}$$
$$F \text{ pèse}\ldots\ldots\ldots \quad 485 \text{ gr.}$$

Le jour de l'inoculation :

$$A \text{ pesait}\ldots\ldots \quad 539 \text{ gr.}$$
$$B \quad\text{—}\quad \ldots\ldots \quad 265 \text{ gr.}$$
$$C \quad\text{—}\quad \ldots\ldots \quad 270 \text{ gr.}$$

Le 22 décembre, le témoin E meurt de tuberculose,
soit quinze jours après l'inoculation, et le 23, seize
jours après l'inoculation, F succombe également.

Les animaux qui ont reçu l'urine continuent à se porter d'une façon satisfaisante et pèsent, le 6 janvier :

A.............  529 gr.
B...........   277
C...........   298

On inocule de nouveau ce même jour deux cobayes témoins : α et ε avec de la matière tuberculeuse fraîche.

Toutes ces inoculations ont eu lieu dans le péritoine.

Le 16 janvier, on constate chez les trois animaux qui ont reçu de l'urine des tumeurs de la grosseur d'une noisette, localisées dans et sous la paroi abdominale au point d'inoculation. Rien de semblable n'avait existé ni n'existe chez les témoins E et F et α et ε.

Le 23 janvier, le cobaye B meurt avec un abcès caséeux de la paroi abdominale et du péritoine correspondant, abcès limité par des adhérences.

Le 28 janvier, le cobaye C meurt en présentant comme le précédent une tumeur caséeuse intra et extra-péritonéale. Chez C et chez B existait également une adénite très marquée. C meurt donc au 51e jour de l'inoculation et 35 jours après les témoins.

Le 30 janvier, les cobayes α et ε succombent, ils ne présentent aucune lésion caséeuse, mais simplement de la granulie.

Le 22 février, A meurt dans la nuit, soit 77 jours après l'inoculation et 61 jours après les témoins.

La plaie abdominale d'inoculation est complètement

guérie à la peau. Sous la cicatrice et dans le tissu
cellulaire sous-cutané on trouve une petite masse
caséeuse du volume d'un pois. La plaie des plans
musculaires de l'abdomen est guérie. On trouve dans
le ventre, accolée à la paroi abdominale, une masse
caséeuse extrêmement volumineuse, allongée dans le
sens de l'axe longitudinal du corps (longueur, 2 centimètres; épaisseur, 1 centimètre). Cette masse constitue
un véritable abcès froid et le pus qui est à l'intérieur est
absolument réduit à l'état de mastic. Hypertrophie de
la rate, foyers de tuberculose caséeuse dans le foie.

Il ressort de ces faits que l'injection d'urine de tuberculeux phtisique au cobaye, préalablement à l'inoculation de la tuberculose, a suffi pour modifier considérablement la forme de l'évolution pathologique, et pour
retarder dans une large proportion la mort des animaux dont les lésions caséeuses prouvent à elles
seules la résistance plus grande.

Des recherches analogues ont été faites en rempla-
çant l'urine par le liquide obtenu en stérilisant par
l'ébullition et la filtration des crachats de tuberculeux.
Ici encore on a obtenu une survie des cobayes supposés
vaccinés sur les cobayes témoins.

La sérothérapie de la tuberculose se perdait dans
des recherches de ce genre, faites un peu de tous les
côtés, quand Maragliano publia un travail dans lequel
il prétendait avoir trouvé dans les cultures tuberculeu-
ses deux sortes de substances, les unes, des protéines,
provenant du corps des bacilles et obtenues en concentrant les cultures à 100°, les autres des toxalbumines

obtenues en concentrant dans le vide la culture filtrée sur bougies. Le premier liquide, qui n'est que de la tuberculine de Koch, provoque de l'hyperthermie, le second du collapsus.

Les animaux reçoivent des doses croissantes d'un mélange de trois parties du premier liquide et une du second. Au bout de six mois, l'immunisation est obtenue et le sérum peut être employé.

Les statistiques fournis par Maragliano sont relativement favorables, surtout lorsqu'il ne s'agit pas de malades présentant de l'hyperthermie. Voici quelques chiffres de ces statistiques (1).

Broncho-pneumonie destructive avec cavernes:

Nombre de malades........... 93

Guéris en apparence ................. 7
Améliorations..................... 35
Stationnaires...................... 34
Morts............................. 17

Broncho-pneumonie destructive sans excavations appréciables et avec associations microbiennes.

Nombre de malades........ ... 85

Guéris en apparence........ ........ 9
Améliorés........................ 45
Stationnaires......... ........... .... 24
Morts ............................ 7

(1) Maragliano. Revista. clin. et thera. Avril 1896.

Broncho-pneumonie diffuse fébrile avec ou sans excavations.

Nombre de malades.......... 104

Guéris en apparence............... 7
Améliorés...................... 55
Stationnaires.................... 32
Morts ....................... 10

Broncho-pneumonie diffuse apyrétique, avec ou sans excavations.

Nombre de malades........... 43

Guéris en apparence............... 2
Améliorés.................... 31
Stationnaires.... ............ 10

Broncho-pneumonie circonscrite fébrile.

Nombre de malades.......... 51

Guéris en apparence............... 20
Améliorés................... 31
Stationnaires................ 3

Broncho-pneumonie circonscrite apyrétique.

Nombre de malades......... 33

Guéris en apparence............... 22
Améliorés.................... 0
Stationnaires ............... 2

Dans la discussion du 7° congrès de la Société italienne de Médecine interne (1), Ermano dit que, sous

(1) Rome du 20 au 23 octobre, 1896.

l'influence du sérum, il a vu son propre appétit se relever, la fièvre disparaître et qu'au bout de 4 mois il n'avait plus de bacilles dans ses crachats. Il se considère comme guéri. Giura a soigné deux malades : l'un est guéri, l'autre considérablement amélioré. Terrile présente un cas de lupus de la main guéri. Nascunbène communique dix-sept observations de tuberculeux traités par le sérum, 4 sont guéris, 8 très améliorés, 3 encore en traitement et 2 morts. Pucci a obtenu 4 guérisons apparentes sur 4 cas.

Nous-même avons eu l'occasion d'appliquer le sérum de Maragliano sur un malade ; en voici l'observation :

OBSERVATION. — R..., 22 ans, facteur.

*Antécédents héréditaires.* — Père bien portant, 54 ans, sclérose artérielle. — Mère 48 ans, bien portante. — Un frère de 9 ans bien portant.

*Antécédents personnels.* — Rougeole à 7 ans.

La maladie a débuté au régiment par une hémorragie peu abondante, plus tard deux hémoptisies ; réformé à 21 ans.

*Etat actuel.* — Craquement au sommet gauche sous la clavicule et dans la fosse sous-épineuse. Au sommet droit, expiration prolongée en avant. Bon appétit, pas de sueur, pas de fièvre, sommeil normal, poids : 57 kilogr.

Injection de Maragliano, le 26 septembre, 1 centimètre cube.

| 27 soir | temp. 37°7 | | |
|---|---|---|---|
| 28 matin | 36,0 | 2ᵉ injection | soir 38°0 |
| 29 matin | 36,4 | | soir 38,1 |
| 30 matin | 36,4 | 3ᵉ injection<br>Expectoration plus abondante<br>quelques vertiges | soir 37,4 |

| 1er oct. matin | 30,4 | | soir 36,6 |
| 2   id. | 30,1 | 4e injection | |
| 4 | | 5e injection | |
| 7 | | 6e injection | 36,7 |

Du 2 au matin au 7 au matin, la température n'a pas dépassé 37°, minimum 36. État général, bon ; poids, 58 kil. 900 gr.

| Le 8 matin | 30,5 | 7e injection | |
| 9 | | 8e injection | |

Le 10, on constate un érythème polymorphe, les jointures douloureuses. Le malade nous dit qu'il a éprouvé des douleurs polyarticulaires dans la nuit qui a suivi la 1re injection, sans cela il n'en aurait jamais eu.

Le 12 il est guéri ; on fait une 9e injection.

| Le 13 | | | soir 36,9 |
| Le 14 matin | 30,4 | 10e injection hémoptisie légère | |
| 15 matin | 30,6 | 11e injection | soir 36,7 |
| 16 | 36,1 | 12e injection | 36,9 |
| 17 | 36,5 | 13e injection | 37 |
| 18 | 36,5 | 14e injection | 36,9 |

On arrête pendant 4 jours faute de sérum ; le 22, injection de 2 centimètres cubes ; id. le 23.

Les craquements au sommet gauche ont disparu ; la rudesse respiratoire persiste ; on continue les injections le 24, le 25, le 26, sans fièvre, 2 centimètres cubes chaque fois.

Le 26, le malade nous dit que les crachats ont diminué de plus de moitié et qu'il peut dormir indifféremment d'un côté ou de l'autre, tandis qu'il ne pouvait dormir que du côté droit. Le 29 octobre, vingt-unième injection de 2 centimètres cubes, poids : 59 kil. 100. Le 30, 31 ; le 2 novembre, le 4, le 5, le 6, injection de 2 centimètres cubes ; poids, le 6 : 59 kil. 500. Le 7, le 8, le 9, le 11, le 12, injection de 2 centimètres cubes.

Le 12, immédiatement après l'injection, congestion céphalique violente, le malade perd presque connaissance ; poids, le 13 : 60 kilog.

Les injections sont supprimées du 13 au 22 et reprises le 22,

23, 25, 26, 27, 28, 29, 30 novembre, le 2, le 3, le 4, le 5 et le 6 décembre à raison de 2 centimètres cubes par jour. Le 6 décembre, poids : 61 kilog. 500. On continue les injections quotidiennes de 2 centimètres cubes jusqu'au 9 ; elles sont ensuite suspendues jusqu'au 16, poids : 61 kil. 500.

On cesse le traitement à cause des accidents congestifs qui tendent maintenant à accompagner chaque injection.

Quoiqu'il soit difficile de juger une méthode avec un seul fait, il n'en résulte pas moins de ce que nous avons vu, que si le sérum de Maragliano est susceptible d'améliorer notablement les tuberculeux apyrétiques qui y ont recours, il n'en présente pas moins des dangers qui doivent faire surveiller son emploi avec la plus grande prudence.

Nous en avons fini avec l'histoire des sérums destinés à combattre les maladies dont l'agent pathogène est connu. Il nous reste à parler, dans les prochains chapitres, des efforts tentés contre la syphilis et le cancer et de l'application thérapeutique des sérums non spécifiques.

## CHAPITRE III

Parmi les maladies dont la nature nous est encore inconnue, la syphilis et le cancer sont celles qui ont provoqué le plus souvent les recherches des expérimentateurs. L'ignorance où l'on est de l'agent pathogène a naturellement rendu ces recherches très vagues et les a condamnées à être à peu près complètement infructueuses. Elles procédaient, d'ailleurs, d'un esprit de généralisation un peu exagéré et n'ont pas toujours été faites dans des conditions irréprochables de rigueur scientifique.

### SYPHILIS

Les premières injections qui furent pratiquées étaient de sérum de chien. Comme pour la tuberculose, on était parti de cette idée que l'animal étant réfractaire à la maladie, ou pouvait en injectant son sérum à l'homme, transférer à celui-ci l'immunité dont jouissait l'animal.

Les premiers essais furent tentés en 1891, dans le service de Fournier, à l'hôpital Saint-Louis, avec du sérum de chien fourni par MM. Richet et Héricourt, et communiqués à la Société de Dermatologie, 1891, par Feulard.

Tommasoli (1), Mazza (2), Kollman (3) employèrent successivement dans le même but le sérum de chien, de mouton, de veau, de lapin, avec un succès négatif ou sans plus de résultats que n'en avait obtenu Feulard. Si, en effet, celui-ci avait vu l'état général des malades se relever sous l'influence des injections de sérum, il n'avait pas pu obtenir la moindre modification, ni dans l'intensité ni dans l'évolution de la maladie.

Se plaçant à un autre point de vue, Pellizzari (4) a cherché à étendre à la syphilis les procédés mis en œuvre dans les autres maladies infectieuses. Il a injecté à des syphilitiques, au début, du sérum de syphilitiques arrivés à une période plus tardive de la maladie. Il s'appuyait entre autres, pour justifier cette manière de faire sur l'immunisation de la mère par le fœtus (Loi de Coll) et du fœtus par la mère syphilitique (loi de Profeta), cette vaccination semblant d'ailleurs se faire par l'échange à travers, le placenta des substances immunisantes. Ces injections restèrent sans résultats.

Enfin, d'autres auteurs, Richet et Héricourt. Gilbert

(1) Tommasoli. Sulla aziome del siero di sangue di agnello contro la sifilide. (Gazz. degli ospitali, 1892, no 28.)

(2) Mazza. A proposito della seroterapia nella sifilide. (Giorn., ital. della malattié veenree et della pelle, juin 1893.)

(3) Kollmann. Blutseruminjectionen gegen Syphillis. (Deustcho, med. Woch, no 36, 1892.)

(4) Giorn. ital. delle malattié venereo e della pelle, sept. 1892.

et Fournier (1) ont essayé de renforcer par l'infection expérimentale l'immunité naturelle des animaux.

Dans les expériences de Gilbert et Fournier, une chèvre et un chien ont reçu en injections sous-cutanées du sang de syphilitique en pleine période secondaire à raison de 180 grammes pour la chèvre et de 170 pour le chien ; une chèvre a reçu en deux mois neuf chancres syphilitiques insérés sous la peau, enfin un chien quatre chancres, deux papules et 120 gr. de sang.

L'action du sérum de ces animaux s'est manifestée chez certains malades par une amélioration de l'état général, une reprise des forces assez marquée, la disparition de la céphalalgie, des douleurs osseuses et articulaires et l'atténuation des éruptions.

Ces résultats dont il faut défalquer, pour les apprécier, l'action tonique des sérums en général, ne sont pas suffisants pour justifier les traitements un peu barbares que la préparation des sérums impose au malade. La question de la syphilis et de sa sérothérapie reste donc entière et nous n'avons pas à y insister plus longuement.

## CANCER

Si la nature infectieuse de la syphilis laisse peu de doutes, on est beaucoup moins certain de la nature du cancer et rien n'est moins démontré que la nature parasitaire de cette maladie.

(1) Semaine médicale, 1895.

Cependant, plusieurs auteurs ont cherché à lui appliquer le traitement par les sérums, soit en s'adressant à des animaux soi-disant immunisés, soit en partant d'idées théoriques plus ou moins justifiées.

On sait que certaines tumeurs malignes de la face ont vu leur développement enrayé par un érysipèle intercurrent ; d'où l'idée de traiter le cancer par les injections de sérum fourni par des animaux infectés au moyen du streptocoque. Emmerich et Zimmermann (1) injectent dans la tumeur des doses croissantes de ce sérum en commençant par 1/2 centimètre cube et continuant jusqu'à 8 ou 10 centimètres cubes. On s'arrête, dès qu'on a obtenu une réaction fébrile, pendant quatre ou cinq jours, et on recommence. Dans les cas très graves, où il y a danger pour la vie, Emmerich n'hésite pas à injecter une culture pure de streptocoque érysipélateux virulent, après avoir fait quelques injections de sérum érysipélateux pour atténuer le danger de l'érysipèle thérapeutique qu'il cherche à provoquer. Il prétend avoir obtenu de la sorte quelques résultats favorables. Jams Swain (2) employa ce mode de traitement pour un sarcome inopérable de la face. On fit en tout vingt-huit injections soit dans les tissus sains, soit dans les tissus malades. Chacune d'elles fut suivie de frissons, de fièvre, souvent de vomissements ; la tumeur se mit à suppurer largement mais ne s'atro-

(1) Deutsche med. Woch., n° 43, p. 706, 1895.
(2) Brit. med. journ. p. 1,415, 7 décembre 1895.

phia pas ni ne se détruisit. Remboth (1) injecta également du sérum d'Emmerich dans un cas de récidive
inopérable de cancer du sein. Le traitement n'amena
aucune modification dans l'évolution de la tumeur ou
de la maladie. Koch (2) fut aussi malheureux que
Swain et Remboth dans les quatre cas où il se servit
de cette méthode.

En revanche, Hirschfeld(3) prétend que, surtout dans
les cas de sarcome, l'injection de sérum érysipélateux
détermine une métamorphose regressive de la tumeur,
laquelle semble fondre et dans quelques cas disparaît complètement. L'injection déterminerait une réaction caractérisée par une élévation de température avec
augmentation de la fréquence du pouls. Quoi qu'il en
soit, il semble que vis-à-vis de cette méthode, il faille
d'autant plus rester sur la réserve que les malades
sont le plus souvent cachectiques et que le médicament est loin d'être inoffensif.

D'autres auteurs, en tête desquels se placent encore
une fois MM. Richet et Héricourt (4), ont essayé de
traiter le cancer par du sérum d'animal ayant reçu lui-
même des injections de suc cancéreux obtenu en
broyant et en filtrant des tumeurs recueillies asepti-
quement.

(1) Deut. med. Woch. n° 43, p. 794, 1895.
(2) Deut. med. Woch, n° 7, p. 103, 1890.
(3) Austral. med. Gaz., 20 mars 1890.
(4) Sem. méd., p. 110-1895.

Les animaux choisis ont été l'âne et le chien.
D'après M. Richet et Héricourt, une femme du service de M. Terrier, atteinte d'une récidive d'un fibro-
sarcome du sein, aurait été guérie(?) par l'injection
du sérum en question. Ce qu'il y a de certain,
c'est que l'état général des malades s'améliore, quoique les auteurs aient eux-mêmes (Soc. de Biol. 1895)
renoncé à parler de guérison.

M. Boureau (1), après voir essayé de cette méthode, chez sept individus, conclut à une amélioration rapide et incontestable au point de vue des
douleurs, du gonflement, de la suppuration, etc.
Deuxièmement, que dans la plupart des cas, cette
amélioration persiste, mais n'empêche pas l'infection
cancéreuse de poursuivre son évolution. Enfin, que
bien que ce traitement ne soit pas curatif il n'en
reste pas moins supérieur aux divers traitements
employés jusqu'ici.

Pourtant Trombetta (2) n'a obtenu aucun résultat,
dans deux cas ainsi traités. Nous-même avons eu
l'occasion de traiter un malade atteint de cancer de
l'estomac, avec du sérum que nous avait fourni
M. le professeur Leclainche. Ce sérum venait d'un
âne, auquel avait été inoculé du suc cancéreux
provenant de tumeurs fournies par M. le professeur
Jeannel. Le malade atteint d'hémathémèses noires

(1) Soc. Biol. 1895, t. 2, p. 590.
(2) Morgagni, p. 54, Janvier 1896.

et de mélœna, auquel M. le professeur Rémond pratiquait depuis un certain temps des lavages de l'estomac et qui ne tolérait plus aucun aliment, sembla, sous l'influence de ces injections, présenter une légère amélioration. Le lait était toléré, les hémorragies moins fréquentes et moins abondantes, le poids augmenta légèrement. Ces injections durent malheureusement cesser faute de sérum et la maladie évolua dans son ensemble comme tous les cancers de l'estomac. Tout au plus peut-on admettre qu'il y ait eu dans cette évolution une sorte de temps d'arrêt.

Enfin, Adamkiewicz, partant de cette idée que la composition chimique du suc cancéreux se rapproche de celle de la neurine de Brieger, a proposé de traiter le cancer au moyen d'un sérum auquel il a donné le nom de cancroïne. D'après l'auteur, on aurait obtenu des résultats remarquables avec cette substance. M. le professeur Rémond en fit l'essai, suivant les indications d'Adamkiewicz, dans le service de M. le professeur Jeannel, sur une femme atteinte de cancer inopérable du col et du corps de l'utérus (fév. 1893).

Il fut fait quelques injections qui ne déterminèrent aucune réaction fébrile comme le prétendait l'auteur, mais provoquèrent des vertiges, des coliques et une sensation de constriction abdominale très pénible.

Devant ces résultats peu encourageants, ces essais furent abandonnés.

Il reste donc acquis ici comme pour la syphilis, que le sérum spécifique est encore à trouver si toutefois il en existe, et on peut se demander si les résultats semi favorables obtenus jusqu'ici ne doivent pas tout simplement se rattacher à l'action tonique des sérums, en général, dont il nous reste à nous occuper.

# CHAPITRE IV

## Sérum Artificiel

Nous avons vu jusqu'ici la thérapeutique employer des sérums empruntés aux animaux et  uissant de propriétés plus ou moins spécifiques, mai; nous avons vu également qu'un certain nombre d'infections n'étaient point justiciables d'un sérum donné, autrement dit que la spécificité de la plupart des sérums n'était rien moins que démontrée. On s'est alors demandé si l'on ne pourrait pas avoir recours, dans le traitement des infections, à un procédé plus simple favorisant la diurèse et débarrassant l'organisme des produits toxiques sans y intı duire le facteur, toujours inconnu et souvent dangereux, que comporte un sérum provenant d'un animal immunisé. Le même procédé s'appliquait également au traitement des hémorragies graves. Cette dernière méthode procède d'ailleurs d'idées anciennes qui datent presque des accidents qui résultaient autrefois de la transfusion entre animaux d'espèces différentes.

C'est Sahli (de Berne) qui le premier proposa en 1890 (1) de faire le lavage de l'organisme dans les cas

(1) Sam. Klein. Vort. von Volkmann N. F. 1890. No  ;

d'infection ou d'intoxication graves. Le mémoire qu'il publia à cette époque comprend les observations d'urémie et de fièvre typhoïde à l'état de stupeur qui furent traitées par ce procédé. Il injectait sous pression faible une solution stérilisée à 0,7 o/o de chlorure de sodium dans le tissu cellulaire sous-cutané abdominal.

Nous avons eu l'occasion de vérifier plusieurs fois la valeur de cette méthode, soit chez des pneumoniques, soit chez des fièvres typhoïdes, et nous avons toujours constaté son action éminemment favorable sur la diurèse.

Ce procédé semble d'ailleurs être entré récemment dans la pratique thérapeutique. Pozzi (1), Second, Bouilly, Monod, Michaux, Peyrat, Terrier rapportèrent, dans une séance de la *Société de Chirurgie*, leurs observations à ce sujet et conclurent tous à l'efficacité de cette méthode dans les septicémies post-opératoires.

Il importe d'ailleurs peu, d'après ce qu'ils disent, que l'injection soit faite dans le tissu cellulaire ou dans la veine.

Au Congrès de Nancy, M. Vedel et Bosc (1896) ont rapporté l'effet obtenu par des injections rapides (15 à 20 minutes) et massives (1,500 centimètres cubes) d'eau salée simple dans les veines au cours du choléra, de la pneumonie et de la septicémie. Dans tous les cas, une ou deux injections ont amené la guérison. Les indica-

(1) Soc. de Chirurgie, 18 décembre 1895.

tions d'urgence sont données par l'état du pouls, de la pression sanguine, de la diurèse, et l'état général.

M. Mayet(1), M. Roger (2) ont confirmé les résultats connus à cet égard. Nous ferons seulement remarquer que les termes, lavage du sang, lavage de l'orga nisme, qu'ils emploient comme un néologisme, était déjà employé par Sahli.

Enfin, tout récemment, M. Dalchet (3) a rapporté le cas d'une femme atteinte d'une infection streptococci que grave qui fut guérie après cinq injections intra-veineuses d'un litre chacune.

L'injection de sérum artificiel à 7 %₀ de chlorure de sodium ou plutôt même à 8 %₀ (Dastre) rend également des services inappréciables dans les cas d'hémorrhagie grave, soit post-partum, soit de tout autre origine.

L'injection peut se faire ici comme dans le traite-ment des infections, soit dans la veine, soit dans le tissu cellulaire sous cutané. La seule précaution à prendre dans ce dernier cas est de ne pas faire péné-trer trop de liquide dans un même point ; une injec-tion de plus de 200 centimètres cubes devient doulou-reuse.

Si l'on veut bien se rappeler en outre que deux cuil-lères à café de sel ni tassé ni comprimé contiennent, si on les remplit exactement, 9 grammes de sel, on

(1) Soc. de Biol., 5 décembre 1896.
(2) Soc. de Biol., 14 novembre 1896.
(3) Soc. de Méd. des Hôp., 8 janvier 1897.

pourra en toute circonstance se procurer sans grande difficulté le sérum artificiel nécessaire.

Il est inutile d'insister davantage, d'autant qu'on trouverait dans la thèse de M. Faney (1) toutes les données complémentaires utiles.

(1) Thèse de Paris, 1806.

# CONCLUSIONS

Les méthodes de sérothérapie qui consistent à employer le sérum d'un animal immunisé comportent une part de risques qui résultent de la toxicité inhérente à tout sérum, même normal.

Cette toxicité, qui varie pour le même animal récepteur, suivant l'animal producteur, se réduit au minimum quand on emploie le cheval comme producteur.

C'est elle qu'il faut incriminer dans les quelques accidents résultant de l'emploi du sérum antidiphtérique et du sérum antistreptococcique.

Toutefois cette toxicité n'est pas suffisante pour autoriser l'abstention dans les cas où l'usage de ces sérums paraît indiqué.

D'autre part, le sérum injecté à petites doses possède une action tonique. C'est à cette action qu'il est légitime d'attribuer les améliorations obtenues dans certaines maladies peu connues comme nature, telle le cancer.

Cette action tonique et antitoxique appartient au premier chef aux solutions salines simples. L'emploi de ces dernières dit sérum artificiel est donc indiqué dans les infections et intoxications graves.

Elles remplaceront également la transfusion dans les cas d'hémorragie.

Toulouse. — Imprimerie MARQUÉS & Cⁱᵉ, boulevard de Strasbourg, 22.

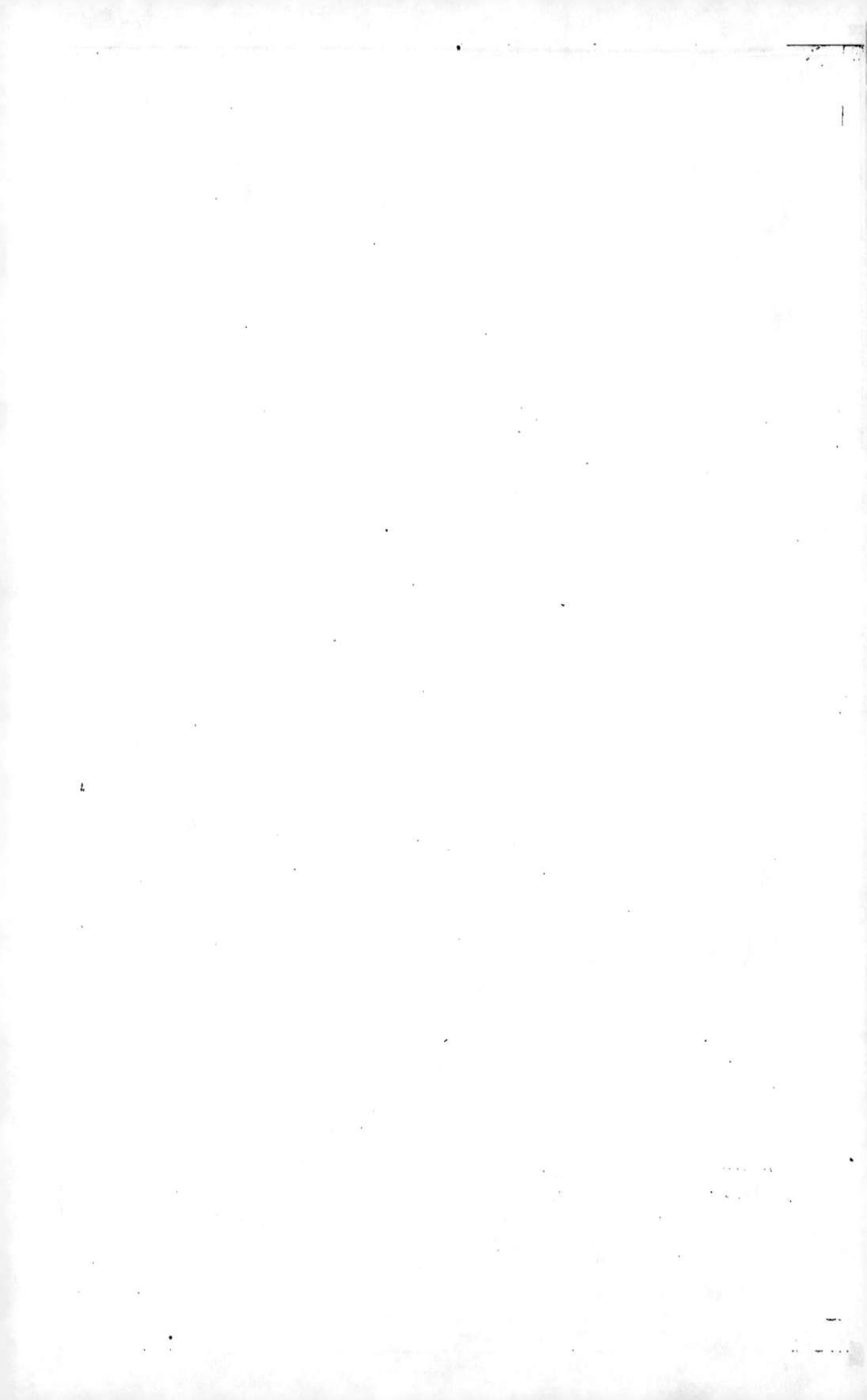

# ÉTUDE

SUR

# LA DÉGÉNÉRESCENCE PHYSIOLOGIQUE

## DES PEUPLES CIVILISÉS

### (CAUSES DE DÉGÉNÉRESCENCE DES PEUPLES CIVILISÉS)

PARIS. — TYPOGRAPHIE A. HENNUYER, RUE D'ARCET, 7.

# ÉTUDE

## SUR

# LA DÉGÉNÉRESCENCE PHYSIOLOGIQUE

## DES PEUPLES CIVILISÉS

### (CAUSES DE DÉGÉNÉRESCENCE DES PEUPLES CIVILISÉS)

PAR

## M. TSCHOURILOFF

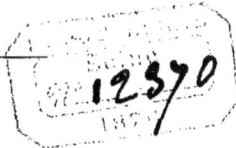

# PARIS

## ERNEST LEROUX, ÉDITEUR

LIBRAIRE DE LA SOCIÉTÉ ASIATIQUE DE PARIS, DE L'ÉCOLE DES LANGUES ORIENTALES VIVANTES
DES SOCIÉTÉS DE CALCUTTA
DE NEW-HAVEN (ÉTATS-UNIS), DE SHANGHAI (CHINE), ETC.

28, RUE BONAPARTE, 28

—

1876

ÉTUDE

SUR

# LA DÉGÉNÉRESCENCE PHYSIOLOGIQUE

## DES PEUPLES CIVILISÉS

### (CAUSES DE DÉGÉNÉRESCENCE DES PEUPLES CIVILISÉS)

On se demande souvent si l'homme est actuellement au physique ce qu'il était jadis. Cette question, dans toute son étendue, est étudiée par l'anthropologie, qui tend — en restaurant, d'après les débris qu'elle trouve, les races qui n'existent plus — à indiquer le plan général de perfectionnement suivant lequel l'homme est devenu physiquement ce qu'il est. Ces études ont déjà abouti à d'importantes conséquences philosophiques ; elles ont établi, en dépit des préjugés, que l'histoire physique de l'homme est l'histoire du perfectionnement et non pas de la décadence, ce qui venait corroborer les théories analogues relatives à l'histoire morale et intellectuelle de l'humanité.

Cette même question générale d'anthropologie a été souvent. étudiée à l'aide d'une autre méthode, je veux dire à l'aide de la méthode statistique, et par conséquent sur un champ beaucoup plus restreint, trop restreint même, pour qu'on se croie en droit d'en faire les déductions. Dans ces conditions, la question a perdu son caractère anthropologique et a été discutée au point de vue médical. La vérité est que, dans ces études, le domaine de la médecine et celui de l'anthropologie se confondent. Quand vous étudiez si telle ou telle infirmité est devenue plus ou moins fréquente, ce n'est pas seulement une question médicale, mais aussi une question anthropologique que vous étudiez. On pourrait tenter d'établir une ligne de démarcation entre ces deux champs d'études, en se basant sur l'observation, que l'anthropologie étudie les cas de tels changements dans l'organisation et les fonctions qui constituent l'état normal, sain, de la race ou de la collec-

tivité où on les observe, tandis que la médecine étudie les cas
morbides et pathologiques. Nul doute que les cas morbides isolés
ne sortent du cadre de l'anthropologie, mais il n'en est pas de
même de la morbidité en général, qui distingue les races aussi
bien que le font les qualités normales. Aussi croyons-nous que
les données sur l'état pathologique des nations, recueillies lors
du recrutement, présentent des documents précieux pour constater quelle est la direction des changements physiques actuels.
Est-ce vers un état meilleur que nous nous acheminons, ou bien
sommes-nous en train de rétrograder ? C'est une question médicale, sociale, si vous voulez, mais en même temps anthropologique, surtout quand l'étendue de la série — et elle est de plus de
cinquante ans pour la France — permet non-seulement de constater les faits, mais aussi d'en étudier les causes.

Il n'y a pas bien longtemps, en 1867, la question de la dégénérescence de la nation française a été discutée au sein de
l'Académie de médecine. Affirmée par M. Guérin, combattue par
M. Broca, la dégénérescence physique n'a pas été reconnue. On
en est arrivé, au contraire, à la déduction que la race s'améliore,
que la proportion des infirmes diminue. Nous verrons que le contraire est vrai non-seulement pour la France, mais aussi pour
la Prusse et surtout pour la Saxe ; que le Wurtemberg et la
Bavière semblent ne pas faire exception à cette tendance générale à la dégénérescence. Et si les autres pays de l'Europe ne
sont pas mentionnés, c'est faute de renseignements.

Commençons par la France. Dans leurs travaux statistiques,
MM. Boudin et Broca avaient constaté une amélioration physique
dans la population française ; mais, à notre grand regret, nous
croyons cette opinion mal fondée, comme la discussion des faits
le prouvera. La preuve de l'amélioration consiste dans le fait que,
de 1831-1849 à 1850-1860, il y a une diminution dans la proportion des infirmes de 35,58 pour 100 visités à 32,6. Ces faits seraient décisifs s'ils n'avaient pas contre eux deux objections :

1º De 1831 à 1852, le contingent annuel a été de 80 000 hommes, tandis que pour les classes de 1853, 1854, 1855 et 1858 il a
été porté à 140 000, et il suffit de regarder notre tracé graphique
nº 1 pour voir les résultats de cette élévation du contingent ;
durant ces quatre années, il y a 29,08 exemptés pour infirmités,
tandis que la moyenne pour les six autres années de la période
décennale 1850-1859 est de 33,96 pour 100. Et cela tient à ce que,

pour trouver les 140000 soldats, il a fallu admettre comme valides pour le service un grand nombre de ceux qui auraient été exemptés dans d'autres conditions, et encore n'a-t-on pu en trouver, même dans ces conditions, que 147000 environ ;

2° La période duodécennale de 1831-1849 est trop longue et il n'est pas sans importance de savoir si dans cet intervalle les infirmités deviennent plus ou moins fréquentes ; en prenant des périodes quinquennales, on trouve 33,25 infirmes pour 100 en 1831-1835, 37,53 infirmes pour 100 en 1841-1845.

Donc, en réalité, le mouvement est plus complexe qu'il n'a été décrit par M. Broca ; il y a un mouvement d'accroissement de 1831 à 1845 et ensuite un mouvement contraire qui ramène les infirmités à leur fréquence de l'année 1831, et les deux mouvements se contre-balancent à peu près exactement.

Mais on se demande pourquoi on a pris pour point de comparaison les données postérieures à 1831, tandis que la loi sur le recrutement fonctionne depuis 1818 et la série du recrutement commence par la classe de l'année 1816? Le total des exemptés pour infirmités et défaut de taille a été publié dans les comptes rendus sur le recrutement et a été reproduit dans la statistique de France (1). Il résulte de ces données que la proportion des infirmes dans cet intervalle de 1816 à 1830 est en voie d'un accroissement considérable de 25,21 pour 100 en 1816 à 33,25 en 1831-1835 ; et, comme en 1860-1864 on retrouve la même proportion, 33 pour 100, le mouvement général peut se résumer par un accroissement de 8 infirmes par 100 visités ou d'un tiers de la proportion qui existait chez la classe de l'année 1816. Donc, au lieu d'une amélioration, nous constatons que les infirmités sont devenues plus fréquentes. En effet, la Saxe nous offre un exemple assez connu et non contesté au point de vue de la réalité de la dégénérescence rapide dans l'intervalle des années 1832-1836 et 1850-1854 ; durant la première de ces périodes, il y a eu 33 infirmes pour 100, et cette proportion monte à 50 pour 100 durant la seconde. En Prusse, le mouvement d'accroissement est moins accentué. La proportion des infirmes varie de 34,5 à 38,2 de 1831

(1) Mouvement de la population en 1864-1865. Au ministère de la guerre existe la série complète du recrutement pour les classes de 1816 à 1830, où l'on trouve tous les cas de réformes. Nous avons obtenu l'autorisation de prendre copie de ces documents inédits et de compléter ainsi la série du recrutement.

à 1854, mais en 1858-1862 elle monte à 42,3 pour 100. En Bavière, nous sommes moins sûrs du fait ; il est vrai que la proportion des infirmes devient plus forte et de 21,6 pour 100 en 1822-
1826 monte à 24,5 en 1861-1865 ; mais, comme le rapport est
calculé d'après la classe et non d'après les visités (raison pour
laquelle il est si faible), on ne saurait affirmer que l'accroissement
a réellement lieu.

La réponse qu'on va nous faire, nous le savons d'avance. On
dira que cet accroissement des infirmités n'est pas réel ; que
dans le recrutement l'idée sur l'aptitude militaire change, et que,
dès lors, les résultats ne sont guère comparables. Nous sommes
résolus à ne pas réfuter les objections fondées sur la valeur
même des documents statistiques qui servent de base à notre
étude. La critique de ces documents, nous avons commencé par
la faire, et les observations de cette nature seront exposées en
leur temps et lieu. Nous croyons que l'exposé des faits suffit à
lui seul pour prouver que les documents sur le recrutement sont
dignes de confiance, à condition, bien entendu, que ceux qui
s'en servent ne fassent pas de fautes. Si les savants ne partagent
pas notre sentiment sur ce sujet, nous pourrons répondre à leur
observation. Mais il serait déplacé d'aborder cette question maintenant. Le fait d'un autre ordre — la diminution des vieillards
âgés de plus de quatre-vingt-dix ans — qu'on observe en Suède,
tend à la même conclusion. En effet, sur 10 000 hommes, en 1751,
il y en a eu 6,6 ayant plus de quatre-vingt-dix ans, et pour le même
nombre de femmes, 10,4 femmes ayant dépassé le même âge.
En 1855, cette proportion tombe à 1,25 pour les premiers et
à 3,3 pour les secondes. Une diminution de longévité aussi considérable ne saurait être négligée, et nous y voyons la preuve
de l'affaiblissement physique.

On peut donc affirmer, d'après les faits précis, que l'accroissement des infirmités et l'affaiblissement physique sont un fait
général. Il s'agit maintenant de savoir quelles en sont les causes,
afin d'être à même de les combattre utilement.

Nous allons tâcher, en premier lieu, de démontrer l'influence
de la sélection militaire — sélection des faibles et des infirmes —
par l'élimination systématique des hommes les plus forts et les
plus robustes. Cette cause de détérioration n'est pas nouvelle
par elle-même, ainsi que l'on va le voir, mais les faits dont nous

allons nous servir pour démontrer d'une façon strictement scientifique l'influence de cet agent, dont l'existence aussi bien que l'influence n'étaient admises jusqu'à présent qu'en hypothèse, sont tout à fait nouveaux, ainsi que la méthode d'investigation. Or, comme avant nous on prenait la question à la légère et qu'on la jugeait sans recourir à des recherches sérieuses, les opinions des auteurs là-dessus se montrent en contradiction les unes avec les autres, souvent erronées et toujours incomplètes, parfois reposant sur des faits imaginaires et des citations tronquées. Dans cet article, au contraire, le lecteur trouvera une tentative d'évaluer l'accroissement des infirmes par rapport aux valides, accroissement qui doit avoir lieu en France par suite des guerres de 1793-1815 ; aussi bien que la méthode qui sert à ce genre de calcul et les lois de mouvement dans la proportion des infirmes produits par la sélection militaire. On sera à même d'apprécier l'importance de ces recherches lorsqu'on verra combien d'erreurs ont surgi par la négligence de la partie théorique de la question.

Nous suivrons dans cet exposé le système historique, c'est-à-dire nous citerons les opinions des différents auteurs, afin que le lecteur puisse juger des tentatives qu'ils avaient entreprises pour résoudre cette question dans son ensemble, et en général de l'état où cette dernière se trouvait avant nos recherches.

La question de l'influence des guerres sur l'état physique de la population au milieu de laquelle sont recrutées les troupes, existe depuis longtemps dans la littérature. C'est ainsi que Bischoff, physiologiste éminent, nous communique dans sa brochure, que Tiedemann, naturaliste également distingué, lui avait consacré une grande partie de son temps.

« Les événements de 1848, et particulièrement les guerres de Crimée, d'Italie, dit Bischoff, ont démontré que l'Europe vient d'entrer de nouveau dans la période de guerres sanglantes, après une longue période de paix et de tranquillité. C'est alors que Frédéric Tiedemann, feu mon beau-père, s'était appliqué à mettre en ordre et à publier ses notes au sujet de la taille et de l'état de santé de la population européenne, qu'il avait rassemblées depuis un certain temps. Il pensait que les communications des médecins et des journaux officiels sur les résultats des recrutements permettaient de faire cette conclusion, que le développement et la santé de la population européenne subissent une détérioration. La cause principale de cette détérioration, selon lui, se trouve dans les guerres prolongées et destructives de la révolution et de l'empire. Il en vint à cette conclusion incontestable, que la mort prématurée — conséquence fatale de ces guerres — des millions d'individus les plus robustes et de haute taille devait exercer l'influence la plus pernicieuse sur la progéniture, vu que la propagation de l'espèce est abandonnée aux soins des plus faibles (1). »

Il faut remarquer que Tiedemann était guidé dans ses recherches non-seulement par la curiosité de savant, mais il attendait encore à tirer des résultats pratiques de ses travaux. « En fixant l'attention sur ces conséquences des guerres, il espérait de provoquer l'opinion publique, afin de prévenir une manifestation nouvelle de ces influences fatales. » (Ibid.) Nous ne partageons point les espérances de Tiedemann ; car si les souffrances, le ravage, la perte des êtres chers ne suffisent pas pour détourner les hommes des exploits sanglants, il est plus que douteux que l'indication de la dégénérescence physiologique, envisagée au loin, puisse servir au même but. Il est possible que cette circonstance aura sa part dans la réalisation de l'idée de la civilisation pacifique ; il faut tâcher que cette influence soit aussi grande que possible. Mais ce serait un excès d'optimisme de croire que la propagande de la théorie de la sélection militaire aboutisse rapidement à la réalisation de la paix universelle. En tout cas, Tiedemann mourut sans avoir terminé son travail. « Quant à moi, continue Bischoff, qui ai hérité de ses papiers, je ne me suis pas décidé à les publier, vu que, tout en admettant la justesse absolue de la conclusion ci-dessus mentionnée, je n'ai pas pleine confiance dans l'exactitude des faits, et, en premier lieu, parce que je ne crois pas à la détérioration de la nature humaine sous le rapport physique ou moral. » (P. 4, ibid.)

Que penser de ce peu de gêne? Tiedemann travaille des années, rassemble des matériaux ; s'appuyant sur des faits méritant la confiance, s'appuyant sur les communications des médecins, etc., il en vient à la conclusion que l'état physiologique des nations européennes se détériore. Et voilà que M. Bischoff, partisan de la théorie du progrès moral, veut méconnaître ces faits, lesquels ne lui paraissent pas dignes de confiance, parce qu'ils

(1) Bischoff, *Ueber die Brauchbarkeit der in verschiedenen europæischen Staaten veroffentlichten Resultate des Recrutirungs-Geschaftes.* 1867, München, p. 3.

se trouvent en contradiction avec la théorie du progrès ; il ne les
publie même pas. Le respect vis-à-vis de Tiedemann devrait,
paraît-il, engager M. Bischoff à agir tout autrement. Mais nous
n'avons pas fini avec la profession de foi de M. Bischoff; écou-
tons-le jusqu'au bout. « J'admets la théorie du progrès et je crois
que, tout en pouvant être arrêté pendant un certain temps et
dans un endroit quelconque, il ne s'arrête jamais à perpétuité.
C'est pourquoi je pense que les plaies apportées à la population
européenne par les guerres de Napoléon ont déjà guéri et cédé
leur place à un développement meilleur et nouveau. » (*Loc. cit.*)

Certes, c'est très-louable d'être partisan du progrès, surtout
dans le sens pratique de ce mot ; mais admettre la théorie du
progrès comme un principe général, comme un élément tout-
puissant, capable d'effacer rapidement les traces de crimes multiples, voilà ce qui n'est pas du tout scientifique. La possibilité
de vérifier la théorie par des faits se présente à lui ; mais
M. Bischoff fait une conclusion théorique sans se soucier le
moins du monde des faits. En exprimant son opinion sur l'influence des fabriques et le développement de l'industrie, il se
sert de la même méthode. « De même, je ne saurais envisager
le développement des fabriques et de l'industrie comme une
cause de détérioration de la santé physique et morale, vu que
l'industrie et les manufactures augmentent la richesse et four-
nissent aux hommes des moyens de cultiver plus soigneusement
leurs facultés physiques et intellectuelles. » (*Loc. cit.*) Nous y re-
viendrons dans la suite ; alors le lecteur verra que Bischoff a
tout aussi tort dans ce cas qu'en affirmant l'existence du progrès
physiologique.

Nous avons vu que Bischoff, tout en admettant l'existence
de la sélection militaire, ne l'envisage que comme une tendance à la détérioration physique, tendance contre-balancée
par des influences favorables, de sorte qu'elle ne se produit
pas de fait ; il n'y voit qu'un obstacle qui ralentit le progrès physiologique, qui, selon lui, a réellement lieu. La manière de penser
de Spencer est tout à fait opposée. Nous lui trouvons aussi une
appréciation de l'apparition historique de la sélection militaire.
« Quoique dans les temps barbares, dit-il, et en général sur les
plus bas échelons de la civilisation, la guerre amène consécuti-
vement la destruction des sociétés plus faibles ou des individus
plus faibles d'une société donnée et favorise de cette façon le

développement des forces morales et intellectuelles, lesquelles sont nécessaires pour la guerre ; néanmoins, sur les degrés plus avancés de la civilisation, la seconde de ces conséquences se pervertit. Tant que les hommes adultes sont obligés au service militaire, comme résultat moyen il y aura la survie des plus forts et des plus habiles, et la disparition des plus faibles et des moins alertes. Mais lorsque l'industrie prend des proportions telles, que seulement un certain nombre d'hommes adultes entrent dans le service militaire, apparaît la tendance de choisir pour le carnage les hommes les plus forts et les plus robustes ; en même temps pour la procréation de l'espèce restent les individus les plus faibles. Le fait que, même en Angleterre, où le nombre des soldats est comparativement minime, les médecins refusent bon nombre de recrues, démontre nettement que ce procédé amène infailliblement la décadence de la race. Dans le pays où la conscription, de génération en génération, emporte du sein de l société les hommes les plus robustes, comme en France par exemple, l'abaissement inévitable du niveau général du développement physique démontre clairement que les propriétés animales de l'homme (il s'agit de l'esprit belliqueux), regardées comme base indispensable des qualités supérieures, exercent une influence fatale sur le pays... C'est ainsi qu'à un certain degré de la civilisation, la guerre cesse d'être la source du développement de l'homme sous le rapport physique et en partie sous le rapport moral, et devient *vice versa* une cause de décadence (1). »

Dans cette citation, il est à distinguer deux parties, l'une théorique, l'autre des preuves. Son opinion est d'une parfaite justesse au point de vue théorique, mais nous ne lui trouvons point de faits à l'appui, ni même aucune indication des matériaux dont il s'était servi pour le développement de son idée. En essayant de prouver que la santé du peuple anglais subit une détérioration sous l'influence de la sélection militaire, Spencer était guidé par le développement logique de son idée, plutôt que par des faits qui aient pu lui venir à l'appui. Que les médecins rejettent un grand nombre de recrues en Angleterre, cela montre que dans ce pays il y a beaucoup d'hommes inaptes au service militaire, ni plus ni moins. Quant aux causes d'un aussi mauvais état de santé, en laissant de côté la sélection militaire, on peut en trou-

1) Spencer, *Introduction à la science sociale*, p. 213-214.

ver un nombre assez considérable : la pauvreté, le travail dans les manufactures en bas âge, la mauvaise hygiène des fabriques, etc., etc. ; rien ne prouve que cet état de santé soit dû à la sélection militaire. En vue de cette négligence des faits, nous pouvons déduire que Spencer possédait touchant l'effet de la sélection militaire en France aussi peu d'arguments que touchant son effet en Angleterre. Quoi qu'il en soit, l'opinion de Spencer est toute contraire aux déductions des savants français qui avaient étudié cette question en s'appuyant sur des faits ; c'est pourquoi il est douteux que ces déductions puissent avoir par elles-mêmes une grande importance dans l'esprit des gens qui désirent les vérifier par la critique des faits. Nous espérons que le lecteur pourra la trouver dans cet article. Alors, il va devenir évident jusqu'à quel point l'idée de Spencer est juste, et quel contraste surprenant elle présente avec les opinions d'autres savants sur le même objet.

La littérature française mentionne souvent la sélection militaire, mais l'optimisme avait toujours empêché les auteurs français de saisir toute son importance. Tous à peu près avaient traité cette question par la déduction et non par les faits. Il est clair que dans ces conditions la théorie de sélection est restée à l'état embryonnaire, tandis que l'idée de détérioration physique date de loin. C'est ainsi qu'en 1817 Hargenvilliers écrivait qu'il fallait abaisser le minimum de la taille, parce qu'alors « on laisse dans l'intérieur pour la reproduction un plus grand nombre d'hommes d'une taille élevée. Plus on hausserait la taille pour le service, plus on tendrait à la dégénération de l'espèce (1). »

Nous y voyons un praticien qui tend ses efforts à diminuer l'influence nuisible de la sélection militaire et non point à démontrer son existence ou à étudier la théorie de la question. La pensée de Villermé à ce sujet est plus claire : « Il est très-vraisemblable, dit-il, que les dernières guerres soutenues par la France jusqu'en 1815, et qui ont consommé chaque année tant de milliers de jeunes gens, choisis, autant qu'on le pouvait, parmi les hommes de haute taille, ont, par leur longue durée, fait baisser chez nous de quelque chose la taille commune. Je dis : il est vraisemblable, parce que je ne saurais en donner la preuve cer-

---

(1) Hargenvilliers, *Recherches et considérations sur le recrutement de l'armée en France*, p. 54.

taine, et que c'est seulement par induction que j'arrive à cette conséquence (1). »

Ce ne fut que lorsque l'ouvrage de Villermé était terminé qu'on lui communiqua le mémoire manuscrit de Tenon où se trouvaient, d'après Villermé, rassemblés des faits qui démontraient que les guerres diminuent la taille des nations. Villermé, dans une note, mentionne le manuscrit sans s'occuper des arguments cités par Tenon ; or, comme on le verra dans la suite, on ne sait absolument pas quels sont les faits dont se sert Tenon pour prouver sa thèse. Quetelet transcrit le contenu de la note de Villermé d'une façon toute différente ; il assure que Villermé « cite l'opinion de Tenon et les faits qui prouvent que les guerres de l'empire ont abaissé la taille des hommes (2) ».

C'est positivement une méprise de la part de Quetelet. Villermé n'a pas même affirmé que les faits rassemblés par Tenon se rapporteraient aux guerres du commencement de notre siècle. On comprend la conséquence d'une telle erreur de la part d'un auteur aussi renommé que Quetelet ; bon nombre de personnes avaient cru que la question de la sélection militaire était résolue ; or on est en droit de dire que c'est là un champ vierge. Il est possible que M. Herbert Spencer, lorsqu'il parle de la détérioration physiologique de la population française comme conséquence fatale des guerres, se base sur ce passage-là. Or, en réalité non-seulement Quetelet, mais Villermé lui-même, se trompe, car, quatre ans plus tard, imprimant un extrait des mémoires *post mortem* de Tenon, il écrit ce qui suit : « On lit sur un feuillet des notes de Tenon que *de tous les faits, de tous les documents* qu'il avait rassemblés sur la stature de l'homme, il fallait tirer la conséquence que les guerres, et surtout les longues guerres, font baisser la taille commune par la consommation des hommes les plus hauts. *Mais c'est inutilement* que j'ai cherché dans les notes dont il s'agit quelque chose qui pût prouver cette assertion. » (*Annales d'hygiène*, t. X, p. 32.) Il est donc de toute évidence que Villermé et Tenon ne donnent aucun fait à l'appui de la théorie de la sélection militaire.

L'auteur de l'ouvrage sur les méthodes de la statistique, Dufau,

(1) *Annales d'hygiène*, 1829. *De la taille de l'homme en France*, par Villermé, p. 385.
(2) Quetelet, *Physique sociale*, t. II, p. 49.

mentionne aussi la sélection militaire. Il avait même cru un moment avoir démontré le fait de son existence. Mais son exemple ne sert qu'à nous donner une idée de la négligence que certains auteurs apportaient à l'étude des matériaux statistiques, il y a quelques dizaines d'années. Ayant mentionné que le nombre absolu des infirmes avait doublé de 1816 à 1835, Dufau continue : « Il résulte de ceci que, dans l'espace de vingt ans, sur 5 811 944 jeunes gens appelés à se ranger sous nos drapeaux, 1 076 130, ou près d'un cinquième, ont été exemptés, soit pour défaut de taille, soit pour infirmités diverses. Cette proportion, déjà si élevée, surprend davantage encore lorsqu'on entre dans les détails. On voit, en effet, en comparant les deux termes extrêmes, 1816 (30 099) et 1835 (69 449), que le chiffre a plus que doublé dans l'intervalle. — Et encore, observe-t-il, la taille exigée a été abaissée.

« Le nombre des appelés étant toujours resté à peu près le même, sauf dans les deux dernières années, qui présentent un accroissement assez considérable, on serait, par conséquent, amené à admettre, pour expliquer l'accroissement que nous avons signalé, une détérioration croissante dans la constitution physique de notre population virile. Il faudrait, sans doute, s'alarmer vivement d'un pareil résultat, s'il n'y avait pas toute raison de croire que les circonstances qui l'ont fait naître doivent bientôt cesser d'agir. Ces circonstances sont les longues et cruelles guerres de l'empire. En effet, les chiffres ci-dessus montrent que c'est dans les années de la Restauration, à partir de 1826, que le nombre des exemptés a pris tout à coup un accroissement qui n'a depuis été que faiblement réduit. Or les jeunes gens appelés sont ceux qui naquirent en 1806 et années suivantes ; alors, d'un côté, la population valide passait en masse sous les drapeaux ; de l'autre côté, l'âge où l'on était jugé apte au service se trouvait abaissé presque à l'adolescence ; des mariages précoces, conclus en grand nombre, avaient pour objet de soustraire à l'inflexible niveau de la conscription des individus de complexion faible, mais que toutefois l'armée dans ses besoins de jour en jour plus pressants eût enlevés aux familles. Ces mariages précoces eux-mêmes devaient amener des fruits inférieurs en stature et en force physique. Nous recueillons aujourd'hui les fruits de cet état de choses (1). »

(1) Dufau, *Traité de statistique*, 1840, p. 169.

Dufau ne prit pas la peine de rapporter le nombre d'infirmes à celui d'examinés. Dans le cas contraire, il verrait qu'il n'existe aucune détérioration en 1826. Cela a lieu un peu plus tôt, comme on le voit dans le premier tableau graphique I, p. 638.

L'accroissement absolu des exemptés pour infirmités et pour défaut de taille de 44 660 à 61 745, qui a lieu en raison de l'élévation du contingent de 40 000 à 60 000 en 1824 (on voit que la date n'est pas même exacte chez Dufau), a été pris par cet auteur pour un accroissement relatif, pour une détérioration physiologique de la race, parce qu'il rapporte les exemptés à la classe, à tous les jeunes gens de vingt ans, comme si tous étaient examinés. En réalité, on n'en examine qu'autant qu'il en faut pour fournir le contingent, et le chiffre des visités médicalement, en 1823, s'est accru, de 84 738 qu'il était, à 121 672 en 1824 ; de sorte que le rapport des exemptés aux visités resta à peu près le même, c'est-à-dire 52,65 pour 100 ; ce rapport s'est même abaissé à 50,80. De la même source dérive une autre erreur. Dufau dit que les exemptés formaient un cinquième des jeunes gens, tandis qu'en réalité, vu la taille élevée exigée sous la Restauration, c'est-à-dire 1$^m$,570 au minimum, la moitié seulement a été physiquement capable de servir.

Ce genre d'erreurs n'est guère possible que dans le cas où l'on ne fait que parcourir rapidement les chiffres, afin de s'en faire une idée tout approximative. Nous ne citons Dufau que dans le but de présenter au lecteur une histoire complète de cette question, et particulièrement pour démontrer jusqu'à quel point ses observations sont superficielles. D'autres auteurs pensent même qu'il est inutile de démontrer le fait en question.

Foissac, dans son livre : *Influence du climat sur l'homme*, dit ce qui suit : « Nous n'avons pas besoin de fournir la preuve que la taille s'abaisse, que les constitutions se détériorent par suite de la guerre. » (T. I, p. 379.)

En effet, l'existence de la sélection militaire est démontrée logiquement sans avoir besoin de faits à l'appui. Cela veut dire que, logiquement, il est indiscutable que l'élimination des plus forts et des plus vigoureux augmente le pour cent des infirmes et des faibles. Mais cela ne suffit point. La sélection militaire peut avoir la tendance de produire une détérioration physique ; mais, tant que d'autres influences favorisant le progrès physiologique réagissent, cette détérioration peut ne point exister, ou n'avoir aucune importance pratique. Par conséquent, il est d'une haute importance de déterminer, à l'aide de données statistiques, si en effet l'état physique de la population se détériore sous l'influence de la sélection militaire et, une fois que cette proposition est juste, quel est le degré de cette détérioration.

Foissac lui-même comprenait la justesse de cette observation, car, un peu plus loin, il essaye de démontrer la dégénérescence par l'action des guerres... « Les garçons provenant de ces unions précoces et souvent mal assorties fournirent, plus tard, beaucoup d'exemptions pour infirmités, et surtout pour défaut de taille. » (*Loc. cit.*, p. 353.) Seulement, cette proposition ne présente pas de preuves.

Mais, à défaut de preuves statistiques, nous trouvons dans Foissac une tentative d'établir l'existence de la sélection militaire à l'aide de données historiques. Il affirme que la taille des Français avait subi un abaissement depuis le siècle de Jules César jusqu'à nos jours. Les auteurs romains nous représentent les Gaulois comme un peuple de très-haute stature. Actuellement, les Français constituent une des plus petites races de l'Europe. L'armée française, en Egypte aussi bien qu'en Allemagne, excitait l'étonnement général par la petitesse des soldats. De là vient cette conclusion que les Français, comme le peuple le plus belliqueux, avaient particulièrement souffert de la sélection militaire, et que l'abaissement de la taille, en France, avait été plus considérable que dans tout autre pays. Il n'est pas difficile de démontrer combien peu certaines sont ces considérations. En premier lieu, il est à se demander si les Gaulois dont il est mention dans les auteurs romains représentaient effectivement la taille moyenne de la population de la Gaule à cette époque. Nous avons le droit de répondre négativement à cette question : 1° parce que les historiens qui nous ont laissé des descriptions sur les Gaulois qui ravageaient l'empire romain nous les représentent ayant des cheveux blonds et des yeux bleus ; cette description s'accorde avec celle des habitants de la Galatie, province de l'Asie Mineure où s'établirent les Gaulois qui firent irruption sur l'empire romain occidental. Ces propriétés physiques — cheveux blonds et yeux bleus — ne se rencontrent que dans le nord-est de la France, où la population se distingue par une haute stature ; sous ce rapport, elle n'est pas inférieure à la population prussienne. Au centre et à l'est de la France, au contraire, nous

voyons un type tout différent : petite taille, teinte foncée d'yeux
et de cheveux, tête ronde. Les historiens romains eux-mêmes,
qui avaient étudié la population de la Gaule sur place, ne confon-
daient point ces deux types. Notamment, Jules César commence
son histoire de la Gaule en disant qu'elle était habitée par trois
peuples : les Belges, au nord-est de la Seine ; les Gaulois, entre la
Seine et la Garonne; et enfin les Aquitains, au sud de la Garonne. Mais il ne s'attache pas à cette distinction et donne quelquefois à tous les habitants de la Gaule le nom de *Gaulois*. C'est
ainsi qu'en parlant du nord-est de la France, il dit que les Gaulois méprisaient les Romains pour leur petite taille. C'est là qu'on
choisissait les hommes qui devaient figurer, en qualité de Germains captifs, dans les entrées triomphales organisées par les
empereurs à l'occasion de victoires imaginaires remportées sur
les Germains. Ce fait démontre que la population de cette partie
de la France ne cédait pas, sous le rapport de la taille, aux races
germaniques, dans ce temps comme de nos jours, et qu'on ne
pouvait trouver dans les autres parties de la Gaule des hommes
d'une stature aussi haute que celle des Germains. Enfin, c'est à
cette partie de la France que se rapportent les descriptions des
historiens, ce qui est encore démontré par le fait suivant : les
Belges — nom donné par Jules César aux habitants de cette partie
— étaient un peuple très-belliqueux. César concentra tous ses
efforts pour subjuguer cette partie de la Gaule, parce que chaque
tribu se révoltait à diverses reprises, et constamment il rencon-
trait des ennemis vaillants, quoique peu nombreux. L'assujettis-
sement de la partie de la Gaule qui restait demanda beaucoup
moins de temps. Il est évident que leur caractère belliqueux les
poussait aux invasions fréquentes sur l'empire romain et sur la
Gaule elle-même ; ils se rencontraient souvent avec les armées
romaines en Italie aussi bien qu'en d'autres endroits. Il est digne
d'attention que la différence sous le rapport de l'esprit belliqueux
parmi les habitants des parties centrales et du nord-est de la
France existe jusqu'à présent. C'est ainsi que les habitants de
la France centrale ont une aversion marquée pour le service
militaire ; cette aversion les porte à se mutiler, dans le but d'éviter ainsi la conscription ; au nord-est, ces cas de mutilation sont
assez rares. Les anthropologistes ne sont pas d'accord sur l'origine ethnique de la population appelée *Belges* par Jules César :
les uns les rapportent à la souche teutonne, les autres les envisa-

gent comme une race celtique, à laquelle ils donnent le nom de
*Kimbres*. Quelle que soit l'opinion qu'on veuille adopter, ce peuple
vint occuper la Gaule, alors que les Celtes de petite taille y étaient
déjà établis.

Une fois qu'on a démontré que la description des historiens
romains se rapporte aux Belges ou aux Kimbres, il n'est pas
difficile de comprendre le peu de certitude des preuves avancées
par Foissac. Affirmer que la taille de la population française
avait baissé, parce qu'une partie de cette population, il y a deux
mille ans, avait la taille plus élevée que la population entière
française de nos jours, c'est comme si on voulait affirmer que
la taille de la population russe avait baissé parce que la taille
moyenne des habitants est moindre que celle des guerriers d'Oleg
et de Swiatoslaw, dont s'étaient servis les auteurs de la Byzan-
tie pour décrire les Russes. En vue de cette incertitude des faits
historiques, il est indispensable de poser l'existence et les lois de
la sélection militaire à l'aide de la statistique, afin qu'on puisse
vérifier les résultats obtenus de cette manière par des données
historiques, s'il est possible. Mais on va se demander quelle importance peuvent présenter les combinaisons historiques en vue
de ce fait qu'après les guerres de 1792-1815 nous trouvons dans
l'espace de 1830-1865 une élévation de la taille ; Foissac aurait
dû nous expliquer ce malentendu.

Dans son discours « sur la prétendue dégénérescence de la
nation française », voici ce que dit M. Broca en mentionnant le
fait de l'élévation de la taille :

« Ce n'est donc pas à une transformation que nous venons
d'assister, mais à une réparation, à une restauration de la population française. La classe de 1836, dont la taille probable (1)
n'était que de 1$^m$,642, était née en 1816, au lendemain de cette
longue période de guerres gigantesques qui commence en 1792
et qui se continue presque sans interruption jusqu'à 1815 ; la population, décimée par cent batailles où avaient péri environ un
million de ses hommes les plus robustes, écrasée surtout par les
levées en masse des dernières années de l'empire, avait néanmoins continué à croître numériquement ; mais une grande par-

(1) Taille probable ou médiane. C'est ainsi que M. Broca appelle la taille
d'un homme qui occupe sous ce rapport le milieu dans un certain groupe
(des conscrits dans ce cas) composé d'autant d'hommes d'une plus petite
stature que d'une stature plus grande que lui.

tie de ceux qui pendant cette période avaient concouru à la reproduction de la race n'avaient dû ce privilége qu'à la défectuosité de leur taille ou de leur constitution. Le rétablissement de la paix, la réduction subite et très-considérable de l'armée. ouvrirent une ère nouvelle. Les soldats licenciés rentrèrent dans leurs foyers, se marièrent, transmirent à leurs enfants leurs qualités physiques, et la population se renforça rapidement; mais cette amélioration ne devait se révéler dans les opérations du recrutement qu'au bout d'une nouvelle période de vingt ans. De 1$^m$,642 en 1836, la taille probable des classes monta jusqu'à 1$^m$,647 en 1846. C'était un bénéfice de 5 millimètres en dix ans. Depuis lors l'accroissement s'est notablement ralenti ; dix-huit années de plus n'ont ajouté que 2 millimètres à notre taille, et quoique le mouvement ascensionnel ne se soit pas encore arrêté, il est permis de croire que la cause qui l'a produit aura bientôt épuisé son action. Mais l'amélioration est encore possible par le progrès matériel. » (*Bulletin de l'Académie de médecine de Paris*, p. 595.)

Nous devons nous occuper de trois idées exprimées dans cette citation : 1° la sélection militaire produit une augmentation des infirmes dans des proportions inégales, — le maximum est suivi d'une amélioration relative ; 2° ce maximum en France tombe sur les années 1831-1835, comme conséquence des guerres de 1792-1815 ; 3° le mal qu'elles avaient causé à la nation est réparé maintenant.

La première de ces idées est juste d'une manière absolue ; la seconde l'est pour toutes les maladies, mais non pour la taille ; le maximum d'exemptés pour défaut de taille tombe sur l'année 1819, quand il y eut 20,5 pour 100 au-dessous de 1$^m$,57. En 1824, 20 pour 100 ; en 1816, 17,5 pour 100 ; en 1829, 16,5 pour 100.

Par conséquent, le maximum des exemptés pour défaut de taille arrive entre 1819 et 1824, c'est-à-dire l'élévation de la taille date de onze ans avant que le pense M. Broca. Dans la suite, nous indiquerons la source de son erreur.

L'opinion que le préjudice physique infligé par les guerres de l'empire est actuellement réparé s'appuie sur des faits touchant la taille. Par rapport aux maladies, nous allons bientôt voir que cette opinion est en général erronée. L'augmentation de la proportion des infirmes à cause des guerres est un phénomène passager seulement dans des cas exclusifs. Pour la plupart du temps, l'accroissement qui a eu lieu une fois se maintient au même niveau ou oscille dans de certaines limites ; mais, pour être à même de le prouver, nous sommes obligé d'exposer préalablement la théorie de la sélection militaire, ses lois relativement à la quantité de l'augmentation d'infirmes ou l'intensité de cette sélection, c'est-à-dire, étant donné le nombre des soldats tués, l'effectif de l'armée et la population, il s'agit de savoir quand aura lieu l'accroissement d'infirmes et quelle sera son importance. Les combinaisons de M. Broca ne s'accordent pas avec des faits, ni dans l'un, ni dans l'autre sens. Donc, ses raisonnements sont en défaut ; d'ailleurs, il n'y a que l'analyse mathématique qui puisse être un guide sûr dans cette circonstance. Cette analyse va peut-être fatiguer le lecteur, mais elle est indispensable, afin de rendre possible la conception de la méthode dont nous nous sommes servi pour poser les lois de la sélection militaire.

Examinons quelles sont, en France, les conséquences physiologiques des guerres qui ont duré de 1792 à 1815. Le nombre des soldats qui ont été tués ou bien qui ont péri de maladies et de fatigues durant ces 23 ans n'est pas inférieur à 1 million ; nous l'estimons à 1 million et demi. De ce nombre, 115 000 décès sont normaux, c'est-à-dire que, d'après la mortalité de la population civile de cet âge, laquelle est environ de 10 décès pour 1000, les 500 000 hommes à l'âge de l'armée auraient fourni 5 000 décès annuels ou 115 000 durant 23 ans, même dans le cas où ces hommes resteraient dans leurs foyers. Il reste donc 1 385 000 décès de soldats imputables aux guerres.

Sur ce nombre, en 1815, 1 205 000 seraient en vie s'il n'y avait pas de guerres, comme le démontre le tableau suivant, dans lequel nous distribuons les décès uniformément (60 000 décès annuels) :

| Périodes. | Nombre des soldats décédés. | Survivants sur 100 hommes de 25 ans (table de Montférant). | Aux âges suivants. | Combien seraient vivants en 1815 sur les soldats décédés précédemment. |
|---|---|---|---|---|
| 1. | 2. | 3. | 4. | 5. |
| 1792-1797 | 300 000 | 78,8 | 48 | 236 000 |
| 1797-1802 | 300 000 | 84,2 | 43 | 252 000 |
| 1802-1807 | 300 000 | 88,5 | 38 | 265 000 |
| 1807-1812 | 300 000 | 92,8 | 33 | 278 000 |
| 1812-1815 | 180 000 | 97,0 | 28 | 174 000 |
| 1792-1815 | 1 380 000 | | | 1 205 000 |

*Explication du tableau n° 1.* — Sur 100 hommes de 25 ans, 78,8 arrivent à l'âge de 48 ans. Donc, pour savoir combien d'hommes du nombre des soldats (colonne 2) survivraient jusqu'à 1815, s'ils n'étaient pas emportés par les guerres, dont les époques sont indiquées colonne 1, il faut multiplier le nombre des soldats correspondant à l'époque donnée des guerres par les chiffres correspondants de la colonne 3 (qui représentent

le nombre des survivants sur 100 hommes de 25 ans, d'après les tables de Montférant).
Ainsi on obtient les chiffres de la colonne 5.

Dans ce cas la population totale serait de 31 millions ; la population masculine, de 15 à 55 ans, serait de 8 920 000 d'après la proportion de l'année 1851, quand elle formait 28,8 pour 100 de la population totale ; et supposant que toute la population, de 15 à 55 ans, présente la même proportion des infirmes que les conscrits (30 pour 100 visités), sur ces 8 920 000 hommes 6 240 000 seraient valides et 2 680 000 seraient infirmes.

Mais l'absence de 1 205 000 hommes valides décédés que nous avons ajoutés à la population réduit le nombre des hommes valides de 15 à 55 ans, en 1815, à 5 035 000 ; la population masculine totale du même âge est de 7 715 000. Donc, sur 100 hommes il y avait non point 30 infirmes, mais bien 34,8, et si l'on prend en considération que 500 000 étaient sous les drapeaux, il ne reste que 7 215 000 hommes de la population masculine civile de 15 à 55 ans, dont 2 680 000 (ou 36,9 pour 100) infirmes. D'après ce fait, on peut déjà se faire une idée à quel point sont importants les changements dans les qualités physiologiques des populations, changements résultant des guerres. Mais les générations qui ont fourni ces soldats décédés ne seront plus soumises au recrutement ; donc l'accroissement proportionnel des infirmes chez elles ne saurait être constaté expérimentalement. L'observation de ce fait est cependant possible sur leurs fils, auxquels elles remettent toutes les qualités héréditaires.

Nous tâcherons de tracer théoriquement quel doit être en France le mouvement dans la proportion des infirmités héréditaires durant la période de 1816 à 1868, par suite de la sélection militaire. Dans ce but, simplifions d'abord le problème et demandons-nous quels sont les résultats de la mort prématurée de 100 000 hommes valides en 1801-1805. Il y a, durant cette période, 912 000 naissances annuelles ; supposons que le tiers (ou 30 pour 100) de ces enfants sont nés de pères infirmes ; il y a donc 638 000 enfants de pères valides et 274 000 enfants de pères infirmes : l'année où 100 000 pères valides sont écartés de la procréation, soit par la mort, soit par la présence sous les drapeaux, ces hommes valides sont remplacés par des hommes infirmes, dont les mariages sont ainsi favorisés par l'absence de la concurrence ; ils peuvent se marier plus tôt que dans le cas contraire, et donner jour à un plus grand nombre d'enfants. Or, en 1801-

1805, la fécondité des hommes à l'âge de 15 à 55 ans était de
10 720 naissances sur 100 000 ; supposant aux soldats cette fécondité moyenne, 100 000 soldats auraient donné jour à 10 720 enfants valides ; mais, étant remplacés par les infirmes, ces 10 720
naissances seront les enfants des infirmes, dont le nombre sera
par conséquent de 284 720, ce qui fait, par rapport aux naissances totales, 31,17 pour 100, au lieu de 30 pour 100 ; donc, dans
ces conditions, la proportion des enfants nés de pères infirmes
doit s'accroître de 1,17 pour 100. Mais, dans le cas où les soldats
tués ou restés sous les drapeaux auraient eu l'âge de 20 ans et
au-dessous, ou celui de 50 ans et au-dessus, deux âges extrêmes
dont l'un où l'homme n'a pas encore procréé, et l'autre quand
l'homme a déjà rempli cette fonction, leur absence n'exer-
cerait aucune influence sur les qualités physiologiques des enfants à venir. Au contraire, plus la fécondité des soldats serait
forte, plus leur absence aurait sous ce rapport des résultats
importants. Donc, l'accroissement d'infirmes parmi les recrues
est en raison de la quantité et de la fécondité des soldats qui
ne participent pas à la procréation durant l'année de naissance
des recrues. Or, comme la fécondité change d'année en année,
durant 30 ans, qui vont s'écouler depuis l'époque du décès
de 100 000 soldats ayant l'âge moyen de 26 ans, jusqu'à l'époque où ils auraient atteint l'âge de 55 ans, quand la fécondité est nulle, leur absence aura des conséquences différentes
quant à l'intensité de la dégénérescence qui en résulte. Il s'agit
donc de déterminer la fécondité par âges. Nous la donnons pour
les femmes en Suède durant deux périodes différentes, séparées
par l'intervalle d'un siècle (tableau n° 2).

| | Population féminine en 1860-70. | Accouchements par âge. | Fécondité : sur 1000 femmes de chaque âge, combien d'accouchements. | Fécondité relative (1). | Population féminine en 1776-80. | Accouchements. | Fécondité. | Fécondité relative. |
|---|---|---|---|---|---|---|---|---|
| 1. | 2. | 3. | 4. | 5. | 2. | 3. | 4. | 5. |
| 16-20. | 180 340 | 1 588 | 8.80 | 7.5 | 94 100 | 2 080 | 22.1 | 17.6 |
| 21-25. | 162 737 | 17 000 | 104.50 | 89.2 | 94 550 | 11 700 | 123.0 | 98.0 |
| 26-30. | 155 719 | 31 690 | 203.50 | 174.0 | 85 500 | 19 400 | 227.0 | 180.5 |
| 31-35. | 145 686 | 33 806 | 232.00 | 198.0 | 76 300 | 19 000 | 249.0 | 198.0 |
| 36-40. | 140 398 | 28 396 | 202.00 | 172.5 | 66 700 | 13 300 | 199.4 | 158.5 |
| 41-45. | 123 939 | 15 612 | 126.00 | 107.7 | 63 150 | 6 910 | 109.4 | 87.0 |
| 46-50. | 112 797 | 2 120 | 18.80 | 16.05 | 56 700 | 1 580 | 27.9 | 22 2 |
| 51-55. | 90 871 | 23 | 0.25 | 0.21 | 51 700 | 30 | 0.6 | 0.47 |
| 15-55. | 1 112 387 | 130 447 | 117.00 | 100.00 | 588 700 | 74 000 | 152.7 | 100.00 |

(1) La fécondité moyenne représentée par le chiffre 117 est réduite à 100,

On voit que la fécondité est en 1860-1870 un peu moindre à tous les âges qu'elle ne l'était en 1776-1780 ; mais la fécondité par âges comparée à la fécondité moyenne (ce que nous appelons fécondité relative) reste sensiblement la même, à part les âges extrêmes — avant 20 ans et après 46. — Mais notre but n'est pas l'étude de la fécondité en elle-même. Nous passons donc sur les détails.

La fécondité des hommes par âges est-elle identique à la fécondité féminine ? Assurément non, à en juger d'après l'âge du mariage des deux sexes. Les femmes se marient en moyenne de 2 à 4 ans plus jeunes que les hommes. Dans le tableau suivant (n° 3), on trouve la proportion des hommes et des femmes mariés en Suède sur 100 individus des mêmes âge et sexe :

| | Mariées sur 100 femmes à chaque âge. | Mariés sur 100 hommes à chaque âge. | Sur 100 femmes mariées, combien de maris ? | Fécondité relative des femmes (1776-1780). | Fécondité relative des hommes. | Accroissement dans la proportion des fils des infirmes par suite de l'absence de 100000 hommes valides aux âges indiqués (1). |
|---|---|---|---|---|---|---|
| 1. | 2. | 3. | 4. | 5. | 6. | 7. |
| A 23 ans.... | 19 | 8 | 42.1 | 98.0 | 41.25 | 0.482 |
| A 28 ans.... | 49 | 40.8 | 83.3 | 180.5 | 150.50 | 1.760 |
| A 33 ans.... | 66 | 67.5 | 102.0 | 198.0 | 202.00 | 2.360 |
| A 38 ans.... | 73 | 79.6 | 109.0 | 158.5 | 173.00 | 2.024 |
| A 43 ans.... | 73 | 84.0 | 115.0 | 87.0 | 100.00 | 1.170 |
| A 48 ans.... | 72 | 85.0 | 118.0 | 22.2 | 26.20 | 0.306 |

Il résulte du tableau n° 3, colonne 4, qu'à l'âge de 23 ans la proportion des hommes mariés ne fait que 42, par rapport à la proportion des femmes mariées, prise pour 100. Donc, la fécondité des hommes doit être, à cet âge, seulement 0,42 de la fécondité en la divisant par 1,17, et tous les autres chiffres de la colonne 4 sont également réduits de 1,17 ; il devient alors possible de comparer la fécondité à chaque âge à la fécondité moyenne ; par exemple : à 46-50 ans, la fécondité n'est que 0,16 de la fécondité générale ; à 31-36 ans, elle est de 1,98, ou presque le double de cette fécondité.

(1) Cet accroissement est calculé de la façon suivante : lorsque 100 000 soldats, ayant la fécondité moyenne, sont absents, morts ou sous les drapeaux, 1,17 enfants sur 100 sont nés de pères infirmes en excédant de 30 pour 100, ou la proportion initiale. Mais l'année où l'âge des soldats décédés serait, par exemple, de 33 ans, leur fécondité étant deux fois supérieure à la fécondité moyenne, ils donneraient jour non plus à 10 720, mais à 21 440 enfants, et leur absence augmente la proportion des enfants nés de pères infirmes non pas de 1,17, mais de 1,17 × 2,02 = 2,36. Voilà la méthode qui a servi pour obtenir les chiffres de la colonne 7.

féminine du même âge, qui est de 98. De cette façon, on obtient
la fécondité relative des hommes, qu'on trouve dans la sixième
colonne du tableau nº 3. Nous avons vu précédemment que l'absence de 100 000 hommes valides, ayant la fécondité moyenne, a
dû augmenter en 1801-1805 la proportion des enfants nés de
pères infirmes de 1,17 pour 100; l'absence de 100 000 hommes
de 23 ans donnera, d'après leur fécondité, un accroissement proportionnel des enfants nés de pères infirmes, qui sera de 0,482
pour 100 (1,17 × 0,41); mais, comme la fécondité à 33 ans est
deux fois supérieure à la fécondité générale des hommes de 15 à
55 ans, l'absence des hommes de 33 ans aura pour conséquence
un accroissement de 2 36 pour 100 (1,17 × 2,36), dans la proportion des enfants de pères infirmes. On trouve les mêmes données
de cinq en cinq ans de distance dans la colonne 7 du tableau ci-
dessus.

Si on établit maintenant des lignes verticales représentant ces
chiffres de la colonne 6, et qu'on les relie par une ligne courbe,
on a le tracé de la fécondité relative des hommes, sur lequel on
lit les chiffres consignés dans le tableau nº 4, colonne 2; et la
troisième colonne présente les données contenues dans la sep-
tième colonne du tableau nº 3, seulement elles sont annuelles.

| Ages. | Fécondité relative des hommes. | Accroissement dans la proportion des enfants de pères infirmes. | Accroissement dans la proportion des enfants qui deviendront infirmes. |
|---|---|---|---|
| 1. | 2. | 3. | 4. |
| A 21 ans | 11 | 0.129 | 0.064 |
| 22 ans | 26 | 0.304 | 0.152 |
| 23 ans | 41 | 0.482 | 0.241 |
| 24 ans | 59 | 0.690 | 0.345 |
| 25 ans | 79 | 0.924 | 0.462 |
| 26 ans | 105 | 1.23 | 0.615 |
| 27 ans | 130 | 1.52 | 0.76 |
| 28 ans | 150.5 | 1.76 | 0.88 |
| 29 ans | 169 | 1.98 | 0.99 |
| 30 ans | 180.5 | 2.11 | 1.055 |
| 31 ans | 190 | 2.22 | 1.11 |
| 32 ans | 197 | 2.31 | 1.155 |
| 33 ans | 202 | 2.36 | 1.18 |
| 34 ans | 203 | 2.38 | 1.19 |
| 35 ans | 200 | 2.34 | 1.17 |
| 36 ans | 192 | 2.25 | 1.125 |
| 37 ans | 182 | 2.13 | 1.065 |
| 38 ans | 173 | 2.05 | 1.025 |
| 39 ans | 160 | 1.87 | 0.935 |
| 40 ans | 150 | 2.755 | 0.877 |

3

| Ages. | Fécondité relative des hommes. | Accroissement dans la proportion des enfants de pères infirmes. | Accroissement dans la proportion des enfants qui deviendront infirmes. |
|---|---|---|---|
| 41 ans............... | 139 | 1.63 | 0.815 |
| 42 ans............... | 123 | 1.45 | 0.725 |
| 43 ans............... | 110 | 1.29 | 0.645 |
| 44 ans............... | 96 | 1.124 | 0.562 |
| 45 ans............... | 82 | 0.96 | 0.48 |
| 46 ans............... | 64 | 0.748 | 0.374 |
| 47 ans............... | 43 | 0.503 | 0.2515 |
| 48 ans............... | 26 | 0.304 | 0.152 |
| 49 ans............... | 10 | 0.116 | 0.058 |

Il se présente pourtant la question suivante : Est-ce que tous les enfants nés de pères infirmes, qui avaient remplacé les hommes valides décédés, seront, eux aussi, infirmes à l'âge de recrutement? Cela n'est pas probable, et voici pourquoi : La proportion des infirmes ne s'est accrue que chez les hommes ; les femmes n'en ont pas souffert. Donc, ces 10 720 enfants de pères infirmes seront procréés avec des femmes valides, et il est probable que la moitié seulement de ces 10 720 enfants deviendront infirmes, l'autre moitié héritera des qualités de leurs mères. Telle est du moins l'hypothèse dans laquelle nous ferons nos calculs ; donc, nous divisons par 2 les chiffres du tableau n° 4, colonne 3, et nous obtenons ceux de la colonne 4. Si, au contraire, on suppose que tous les enfants procréés par les pères infirmes qui ont remplacé les hommes valides, enfants qui dans les conditions de la paix seraient tous valides, si on suppose qu'ils seraient tous infirmes, on n'a qu'à doubler les pour cent d'accroissement que nous allons obtenir (voir tableau n° 14).

Maintenant il faut appliquer cette quatrième colonne aux décès des soldats de 1793 à 1815, pour obtenir le tracé théorique de l'accroissement des infirmes par suite des guerres de cette époque. Voici comment on procède. Il y a eu 60 000 décès annuels des soldats, auxquels nous supposons l'âge moyen de 24 ans, à cause de ce fait bien connu, que ce sont particulièrement les jeunes soldats qui succombent aux maladies et aux fatigues ; il faut multiplier ces 60 000 décès successivement par tous les coefficients de la troisième colonne du tableau n° 4, à partir de l'âge de 24 ans. Mais ces calculs annuels, indispensables au début, que nous reproduisons dans le tableau n° 5, peuvent être simplifiés. On peut établir les accroissements en prenant les décès des périodes quinquennales, comme dans le tableau nº 1, et en calculant l'accroissement des infirmes parmi les nouveau-nés de cinq en cinq ans (tableau nº 7). Dans ce but, il faut établir quel serait, en 1804, l'âge des 300 000 soldats décédés par exemple en 1797-1802.

| Années des décès. | Accroissement des infirmes qui en résulte parmi les nouveau-nés de | | | |
|---|---|---|---|---|
| | 1798. | 1799. | 1800. | 1801. |
| 1797.............. | 0.207 | 0.277 | 0.369 | 0.456 |
| 1798.............. | » | 0.207 | 0.277 | 0.369 |
| 1799.:............ | » | » | 0.207 | 0.277 |
| 1800.............. | » | » | » | 0.207 |
| | 0.207 | 0.484 | 0.843 | 1.309 |

Les 60 000 décédés en 1797 auraient l'âge de 31 ans,

|   |      |   |      |
|---|------|---|------|
| — | 1798 | — | 30 — |
| — | 1799 | — | 29 — |
| — | 1800 | — | 28 — |
| — | 1801 | — | 27 — |

et, en moyenne, leur âge serait de 29 ans en 1799, de 34 en 1804, etc.

L'âge moyen des soldats décédés ainsi calculé est, dans le tableau nº 7, entre les parenthèses, à droite des chiffres indiquant la proportion de l'accroissement des infirmes produit par l'absence des soldats aux âges indiqués.

| Période des décès. | Nombre des soldats décédés. | Accroissement des infirmes qui résulte de ces décès : | | | | |
|---|---|---|---|---|---|---|
| | | 1794. | 1799. | 1804. | 1809. | 1814. |
| 1792-1797.. | 300 000 | 0.528 | 2.64 (28) | 3.54 (33) | 3.08 (38) | 1.93 (43) |
| 1797-1802.. | 300 000 | » | 0.84 | 2.97 (29) | 3.57 (34) | 2.81 (39) |
| 1802-1807.. | 300 000 | » | » | 0.84 | 2.97 (29) | 3.57 (34) |
| 1807-1812.. | 300 000 | » | » | » | 0.84 | 2.97 (29) |
| 1812-1815.. | 180 000 | » | » | » | » | 0.84 |
| Total........ | | 0.528 | 3.483 | 7.35 | 10.46 | 12.12 |

| Période des décès. | Nombre des soldats décédés. | Accroissement des infirmes qui résulte de ces décès : | | | |
|---|---|---|---|---|---|
| | | 1819. | 1824. | 1829. | 1834. |
| 1792-1797...... | 300 000 | 0.46 (48) | » | » | » |
| 1797-1802...... | 300 000 | 1.69 (44) | 0.18 (49) | » | » |
| 1802-1807...... | 300 000 | 2.81 (39) | 1.69 (44) | 0.18 (49) | » |
| 1807-1812...... | 300 000 | 3.57 (34) | 2.81 (39) | 1.69 (44) | 0.18 (49) |
| 1812-1815...... | 180 000 | 1.78 (29) | 2.14 (34) | 1.69 (39) | 1.01 (44) |
| Total............ | | 10.31 | 6.82 | 3.56 | 1.19 (1) |

(1) L'accroissement des infirmes de l'année 1794 est calculé dans l'hypothèse que l'âge des décédés, de 22 ans en 1793, devient de 24 en 1797. Après quoi nous supposons que les soldats décédés avaient le même âge (24 ans). Après 1793, l'âge de l'armée augmente, parce que les levées et les

Mais les chiffres totaux du tableau n° 7 ne sont pas définitifs, et voici pourquoi. Nous avons agi comme si 300 000 soldats, décédés en 1792-1797, étaient encore vivants en 1819, dans le cas où la guerre ne les aurait pas fait périr. Or, sur 100 hommes âgés de 25 ans, 78,8 arrivent seulement à l'âge de 48 ans (comme on le voit dans le tableau n° 1, troisième colonne). Donc, quand les soldats décédés auraient l'âge de 48 ans, — c'est-à-dire 24 ans après la guerre, — il n'y a que 0,788 du chiffre total qui sont réellement absents par suite de la guerre. Les 0,212 autres seraient déjà morts, même si la guerre n'avait pas eu lieu, en vertu de la mortalité normale. Si le nombre des absents, enlevés par la mort prématurée, diminue avec le temps, il doit en être de même de l'accroissement des infirmes qui en résulte. Il faut donc diminuer ces accroissements partiels du tableau n° 7 par les données du tableau n° 1, colonne 3; par exemple, l'accroissement résultant de l'absence des hommes à l'âge de 28 ans doit être multiplié par 0,97, et ainsi de suite, après quoi le tableau n° 7 se transforme en celui n° 8.

| Périodes de décès. | Années d'accroissement. | | | | | | | | |
|---|---|---|---|---|---|---|---|---|---|
| | 1794. | 1799. | 1804. | 1809. | 1814. | 1819. | 1824. | 1829. | 1834. |
| 1792-1797..... | 0.528 | 2.54 | 3.28 | 2.73 | 1.63 | 0.36 | » | » | » |
| 1797-1802..... | » | 0.84 | 2.88 | 3.31 | 2.49 | 1.42 | 0.14 | » | » |
| 1802-1807..... | » | » | 0.84 | 2.88 | 3.31 | 2.49 | 1.42 | 0.14 | » |
| 1807-1812..... | » | » | » | 0.84 | 2.88 | 3.31 | 2.49 | 1.42 | 0.14 |
| 1812-1815..... | » | » | » | » | 0.84 | 1.73 | 1.99 | 1.50 | 0.85 |
| Totaux.... | 0.528 | 3.38 | 7.00 | 9.76 | 11.15 | 9.31 | 6.04 | 3.06 | 0.99 |
| Influence de l'armée......... | 1.875 | 2.46 | 2.46 | 3.08 | 2.46 | 0.615 | 0.92 | 0.92 | 1.84 |
| Totaux généraux.. | 2.403 | 5.84 | 9.46 | 12.84 | 13.61 | 9.925 | 6.96 | 3.98 | 2.83 |
| Effectif de l'armée. | (300) | (400) | (400) | (500) | (400) | (100) | (150) | (150) | (300) |
| Totaux généraux corrigés........ | 2.84 | 6.92 | 11.05 | 15.17 | 15.8 | 10.86 | 7.27 | 3.98 | 2.71 |
| Totaux ajoutés à 30 pour 100 infirmes......... | 32.84 | 36.92 | 41.05 | 45.17 | 45.8 | 40.86 | 37.27 | 33.98 | 32.71 |

Nous y avons encore ajouté l'accroissement des infirmes résultant de la présence des hommes valides restés sous les drapeaux, indiqué dans le tableau sous ce titre : Influence de l'effectif de l'armée. En effet, les soldats ne participent guère à la repro-

réquisitions de 1793 n'ont pas été suivies de recrutement pendant quelques années; par conséquent, l'âge des soldats décédés doit augmenter également.

duction lorsque l'armée est à l'étranger, comme cela a lieu pour les troupes françaises en Algérie et pour les troupes anglaises dans les colonies ; ou bien les soldats ne participent à la reproduction que dans des proportions insignifiantes, parce que, recrutés à l'âge de 20 ans, ils sont à peu près tous célibataires et ne peuvent se marier avant la libération. Même alors où, comme en Russie jusqu'en 1874, le recrutement enlevait les hommes âgés de 20 à 30 ans, et où, le mariage étant généralement très-précoce, la plupart des soldats étaient mariés, ils sont séparés de leurs familles. Les enfants illégitimes que ces soldats pourraient avoir ne sauraient compter dans ces calculs, car en général les enfants illégitimes parviennent à l'âge viril dans de très-faibles proportions. En France du moins, 67 pour 100 de naissances légitimes atteignent l'âge de 20 ans, tandis que 26 pour 100 de naissances illégitimes seulement arrivent à cet âge. Par conséquent, nous avons le droit de dire que les soldats ne participent pas à la reproduction et que la proportion d'infirmes dans la population masculine productrice augmente. Nous citons le passage suivant de M. Broca : « Si l'on n'y mettait ordre, cette sélection injuste (des grands hommes), dont les effets s'accroissent avec le chiffre des contingents, aurait à la longue pour conséquence la diminution de la taille dans toute la France, et surtout dans les départements celtiques, car pendant que les beaux hommes sont voués au célibat pendant les sept années les plus actives et les plus fécondes de leur vie, les petits et les infirmes concourent sans concurrence à la propagation de la race. Je sais bien que M. le ministre de la guerre a soutenu, en plein Corps législatif, que ces braves gens faisaient d'excellents maris et se reproduisaient fort bien ; mais il n'a pas songé aux femmes, qui peut-être aimeraient mieux les beaux hommes, s'il en restait ; surtout il n'a pas songé aux enfants, qui héritent de la constitution et de la taille de leurs pères et qui préparent de la besogne aux conseils de révision de l'avenir (1). »

Il nous semble que M. Broca tombe dans l'exagération lorsqu'il dit que le recrutement ne laisse guère d'hommes valides pour la reproduction. Mais il est incontestable que l'effectif de 500 000, en 1809, a eu pour conséquence d'augmenter de 3 pour 100 la proportion des enfants qui, selon les lois de l'hérédité, seront infirmes.

(1) *Mémoires d'anthropologie*, t. III, p. 204, 1869.

On peut nous demander comment nous savons l'effectif, ou plutôt pourquoi nous n'avons pas admis le nombre des militaires donné par le recensement de 1801, qui en accuse 677 598, et celui de 1806, qui en accuse 579 819. Voici la réponse. C'est parce que d'abord l'âge de l'effectif n'était pas toujours le même. L'armée était plus âgée au commencement et à la fin des guerres, parce que la conscription de 1793 n'a pas été suivie de recrutement durant quelques années. L'armée a été, au début de sa formation, composée d'éléments jeunes et augmentait d'âge d'année en année ; depuis, les recrues sont venues s'y ajouter ; mais l'âge de l'armée n'a pu en diminuer de beaucoup, parce que le noyau a déjà été formé. A la fin des guerres, les nouvelles recrues, incorporées à l'âge de 19 ans, et surtout après l'année 1812, quand il a fallu refaire l'armée ensevelie en Russie, — ces nouvelles recrues ont dû baisser l'âge de l'armée ; or, moins l'armée est âgée, moins elle est féconde, et moins son absence est nuisible. Nous avons laissé le même âge, 26 ans, mais en revanche nous avons diminué le nombre, ce qui revient au même. Mais, nous dira-t-on, connaissez-vous l'âge de l'armée ? Non. Seulement, laisser le même effectif et le même âge serait commettre une erreur plus grande que celle que nous commettons peut-être en diminuant l'effectif. En 1801 et en 1805 nous ne donnons pas l'effectif réel, parce qu'une partie de l'effectif (une partie faible sans doute) participe néanmoins à la procréation ; la preuve en est dans l'accroissement de la taille des populations où est cantonnée la garde. De là la nécessité de réduire l'effectif d'un quart environ, comme nous l'avons fait.

Encore une rectification. Nous avons dit qu'en 1801-1805 il y eut 912 000 naissances, 8 520 000 hommes de 15 à 55 ans (30,2 pour 100 de la population totale), et la fécondité moyenne égale à 10,72 pour 100. Les calculs précédents ont été faits dans ces conditions. Or, si la population masculine féconde est plus nombreuse, l'élimination de 100 000 hommes valides n'aura pas des résultats aussi importants. Si la population double, l'accroissement serait moitié moins fort. Donc les données consignées au second total du tableau n° 8 doivent être encore modifiées suivant le rapport de la population virile féconde de chaque année à celle qui a, jusqu'à présent, servi à nos calculs. Mais on ne sait pas combien il y a eu en 1799 d'hommes âgés de 15 à 55 ans, parce que les recensements par âges ne datent que depuis 1851,

quand la population masculine féconde formait 28,8 pour 100 de
là population totale. Il est évident que la même proportion
d'hommes féconds existerait en 1801, si la guerre antérieure n'en
avait consommé une partie. Ajoutez cette partie à la population,
et le pour cent d'hommes féconds de 1851 y sera applicable. Dans
le tableau n° 9 nous avons calculé d'après les coefficients de survie, sur 100 hommes âgés de 25 ans (tableau n° 1), combien de
soldats emportés par les guerres auraient, dans le cas opposé,
survécu en 1794, 1799, etc.

| | Décédés. | Sur ce nombre survivraient : | | | | | |
|---|---|---|---|---|---|---|---|
| | | 1794. | 1799. | 1804. | 1809. | 1814. | 1819. |
| 1793-1794..... | 120 000 | 116 400 | 111 400 | 106 000 | 101 000 | 94 600 | 87 200 |
| 1795-1799..... | 300 000 | » | 291 000 | 278 500 | 265 500 | 252 000 | 236 000 |
| 1800-1805..... | 300 000 | » | » | 291 000 | 278 500 | 265 500 | 252 000 |
| 1805-1809..... | 300 000 | » | » | » | 291 000 | 278 500 | 265 500 |
| 1810-1814..... | 300 000 | » | » | » | » | 291 000 | 278 500 |
| 1815.......... | 60 000 | » | » | » | » | » | 58 200 |
| Totaux........ | | 116 400 | 402 400 | 675 500 | 935 000 | 1 181 600 | 1 176 400 |

Après avoir ajouté à la population (tableau n° 10, colonne 2)
ces survivants (colonne 3), on obtient la population telle qu'elle
existerait sans les guerres, ce qui est consigné dans la colonne 4.
Ces 28,8 pour 100 de la population ainsi reconstitués nous four-
nissent la population masculine de 15 à 55 ans (colonne 5), d'où il
a fallu soustraire la colonne 6, formée des nombres des soldats
tués qui survivraient aux époques indiquées (colonne 3) et de
l'effectif indiqué dans le tableau n° 8.

Reste la population masculine de 15 à 55 ans qui participait à
la procréation (colonne 7 du tableau n° 10).

| | Population. | Totaux du tableau N° 9. | Les colonnes 2 et 3 réunies. | Population masculine de 15 à 55 ans sans guerre. | De ce nombre, décédés ou sous les drapeaux. | Reste. | Le rapport à 8 520 000 des chiffres de la colonne 7. |
|---|---|---|---|---|---|---|---|
| 1. | 2. | 3. | 4. | 5. | 6. | 7. | 8. |
| 1801 ... | 27 349 003 | 402 400 | 27 751 403 | 7 990 000 | 802 400 | 7 187 600 | 0.843 |
| 1806 ... | 29 107 425 | 675 500 | 29 782 905 | 8 380 000 | 1 075 500 | 7 304 500 | 0.857 |
| 1811 ... | 29 092 734 | 935 000 | 30 027 734 | 8 640 000 | 1 435 000 | 7 205 000 | 0.846 |
| 1815 ... | 29 777 304 | 1 181 600 | 30 958 904 | 8 910 000 | 1 581 600 | 7 328 400 | 0.860 |
| 1821 ... | 30 461 875 | 1 176 400 | 31 638 275 | 9 110 000 | 1 326 400 | 7 783 400 | 0.914 |
| 1851 ... | 35 788 170 | » | » | » | » | 10 000 000 | 1.174 |

Mais cette population est inférieure à 8 520 000, population sous laquelle les pertes des hommes valides auraient causé un accroissement des infirmes calculé dans le tableau n° 8. Or, comme en effet la population masculine féconde y est inférieure, l'accroissement sera plus considérable de $\frac{1000}{843}$ en 1801, de $\frac{1000}{857}$ en 1806, et pour l'obtenir il faut diviser le second total du tableau n° 8 par la dernière colonne du tableau n° 10. Ce sont là les résultats définitifs consignés dans la dernière ligne du tableau n° 8.

On peut juger par là de l'importance de l'accroissement des infirmes qui résulte des guerres de l'empire. Si auparavant il y avait 30 infirmes pour 100, on doit en trouver 45,8 parmi les nouveau-nés de 1814, ou la classe de 1834, ce qui fait un accroissement de 50 pour 100. Mais, dira-t-on, après 1854, tout doit rentrer dans le *statu quo* qui existait avant la grande révolution. Non, cela est impossible. Si les pères infirmes, dont la proportion s'est accrue par suite de l'élimination des hommes valides, ont transmis leurs qualités héréditaires à leurs fils, pourquoi ceux-ci ne les transmettraient-ils pas, à leur tour, à leurs fils, petits-fils des premiers? Est-ce que l'hérédité s'arrête à la première génération? Evidemment non. Son action doit, certes, s'affaiblir, parce que les infirmes succombent plus souvent dans la première enfance, restent célibataires ou bien sont peu féconds. Il y a des infirmités, comme l'idiotie, qui ne se transmettent même pas à la première génération, parce que les idiots restent célibataires. Quant aux autres infirmités, ces influences contraires qu'on peut appeler *la sélection naturelle ou par décès* et *la sélection par mariage*, dont l'étude à l'aide des données statistiques fera pour notre part l'objet de publications ultérieures, ces influences contraires à la sélection militaire tendent constamment à affaiblir la proportion des infirmes augmentée par l'élimination des hommes valides, et les résultats de la sélection militaire doivent devenir de plus en plus faibles d'une génération à une autre, ainsi plus faibles chez les petits-fils des hommes ayant subi les recrutements sous l'empire que chez leurs fils. Après avoir théoriquement calculé la marche dans la proportion des infirmes chez leurs petits-fils, on pourra comparer le tracé théorique ainsi obtenu avec les faits d'observation et on pourra juger pour chaque infirmité de l'intensité des influences contraires à la sélection militaire.

Voici le procédé de ces calculs : les classes de 1812 à 1817 par exemple, nées en 1792-97, qui ont en moyenne la proportion d'infirmes des recrues de 1814, c'est-à-dire 32,84 (tableau n° 8), atteindront, en 1819, l'âge moyen de 24 ans, comme il est démontré dans le tableau n° 11.

| Années de naissance. | Age en 1813. |
|---|---|
| 1793.................................. | 26 |
| 1794.................................. | 25 |
| 1795.................................. | 24 |
| 1796.................................. | 23 |
| 1797.................................. | 22 |

Or, à cet âge, la fécondité est de 59 pour 100, ou 0,59 de la fécondité générale, et comme la population de 22 à 26 ans forme 13,80 pour 100, ou 0,138 de la population masculine de 15 à 55 ans, les enfants auxquels ils donneront le jour ne forment que 0,0814 (0,59 × 0,138 = 0,0814), ou 8,13 pour 100 du total des naissances annuelles.

On trouvera les résultats des mêmes calculs pour les autres âges des périodes quinquennales dans le tableau n° 12.

| Age. | Age moyen. | Fécondité relative. | Combien d'hommes à chaque groupe d'âges sur 100 hommes de 15 à 55 ans. | Combien d'enfants procréés par les hommes à chaque groupe d'âges sur 100 naissances générales. |
|---|---|---|---|---|
| 1. | 2. | 3. | 4. | 5. |
| De 22 à 26 ans..... | 24 | 59 | 13.80 | 8.14 |
| 27 à 31 ans..... | 29 | 169 | 13.00 | 22.00 |
| 32 à 36 ans..... | 34 | 203 | 12.42 | 25.20 |
| 37 à 41 ans..... | 39 | 160 | 11.37 | 18.20 |
| 42 à 46 ans..... | 44 | 96 | 10.11 | 9.70 |
| 47 à 51 ans..... | 49 | 10 | 10.00 | 1.00 |
| | | | | 84.24 |

Il résulte de ce tableau que sur 100 naissances 84,24 sont enfants de pères âgés de 22 à 51 ans, et cependant la fécondité au-dessous de 22 et au-dessus de 51 ans est insignifiante, et on ne peut lui imputer les 16 naissances nécessaires pour retrouver le total des naissances. Il y a donc erreur, dont voici les sources probables : notre point de départ a été la fécondité féminine en Suède. De là nous avons calculé la fécondité des hommes à l'aide des rapports des hommes mariés aux femmes mariées, et il est probable que cette opération a diminué la fécondité relative à chaque âge.

Ensuite, pour calculer quelle est la part dans les naissances des hommes à chaque groupe d'âges, nous avons pris leur nombre sur

100 hommes de 15 à 55 ans qui se trouvent en France. Cette circonstance aurait pu également changer les chiffres, puisqu'il suffit que la proportion des hommes à l'âge d'une grande fécondité soit plus faible que dans la population qui a servi à évaluer leur fécondité, pour qu'on ne retrouve plus la même fécondité moyenne et par conséquent le même nombre de naissances.

Mais il suffit aussi de tenir compte de cette inexactitude de nos données sur la fécondité masculine pour qu'elle n'affecte en rien les résultats ; en effet, si à l'âge de 22 à 26 ans on donne le jour à 8,14 enfants sur 84,24, cela fait 9,65 pour 100, ou 18,6 en plus du chiffre indiqué dans le tableau n° 12, colonne 5, et pour rectifier cette erreur, il suffit d'augmenter dans cette proportion la fécondité par âges, ou bien d'augmenter l'accroissement des infirmes, obtenu dans la deuxième génération, de 18,6 pour 100, et d'un chiffre double l'accroissement dans la troisième génération, vu que la fécondité y a été introduite deux fois comme multiplicateur : 1° quand il a fallu obtenir le taux d'accroissement des infirmités chez les fils des hommes qui avaient subi le recrutement ; et 2° le taux d'accroissement des infirmes chez les petits-fils.

Dans la première opération le taux d'accroissement a été diminué, comme il a été dit, de 16 pour 100, et formait 0,84 du taux réel. Dans la seconde opération il a subi la même diminution et formait 0,708 du taux réel. Donc, pour retrouver dans les résultats de la seconde opération (tableau n° 14) le taux réel d'accroissement, il faut l'augmenter de 41 pour 100, ce qu'on trouvera dans le tableau n° 14, et pour le moment nous poursuivrons l'appréciation de l'accroissement des infirmités dans la troisième génération, supposant les conditions établies par le tableau n° 12.

Reprenons maintenant le fil de nos calculs interrompu par ces observations. Nous avons constaté qu'en 1819 les recrues de 1812-1817 (ayant 32,84 infirmes pour 100) produiront 8,14 naissances pour 100 à la même époque.

La présence de ces 8,14 pour 100 enfants, parmi lesquels on trouve en plus 2,84 infirmes pour 100, produira dans l'ensemble des nouveau-nés un accroissement des infirmes de 0,231 pour 100 (2,83 × 0,0813) ; suivant le même procédé on établit leur influence en 1824, 1829 et ainsi de suite, aussi bien que pour les classes de 1817-1822 et les classes suivantes, comme on le verra dans le tableau n° 13.

| Périodes. | Accroissement des infirmes pour 100. | Reproduction de cet accroissement en : | | | | | | | | |
|---|---|---|---|---|---|---|---|---|---|---|
| | | 1819. | 1824. | 1829. | 1834. | 1839. | 1844. | 1849. | 1854. | 1859. |
| 1812-1817. | 2.84 | 0.231 | 0.625 | 0.716 | 0.517 | 0.275 | 0.028 | » | » | » |
| 1817-1822. | 6.92 | » | 0.563 | 1.524 | 1.745 | 1.260 | 0.671 | 0.069 | » | » |
| 1822-1827. | 11.05 | » | » | 0.900 | 2.430 | 2.790 | 2.010 | 1.070 | 0.110 | » |
| 1827-1832. | 15.17 | » | » | » | 1.233 | 3.340 | 3.820 | 2.760 | 1.470 | 0.150 |
| 1832-1837. | 15.80 | » | » | » | » | 1.287 | 3.480 | 3.980 | 2.880 | 1.330 |
| 1837-1842. | 10.86 | » | » | » | » | » | 0.883 | 2.390 | 2.740 | 1.975 |
| 1842-1847. | 7.27 | » | » | » | » | » | » | 0.592 | 1.600 | 1.830 |
| 1847-1852. | 3.98 | » | » | » | » | » | » | » | 0.324 | 0.876 |
| 1852-1857. | 2.71 | » | » | » | » | » | » | » | » | 0.220 |
| Totaux ...... | | 0.231 | 1.188 | 3.430 | 5.925 | 8.952 | 10.89 | 10.86 | 9.120 | 6.531 |
| — (a)..... | | 10.860 | 7.270 | 3.980 | 2.710 | 1.450 | 1.630 | 1.570 | » | » |
| — (b)..... | | 11.091 | 8.458 | 7.110 | 8.630 | 10.400 | 12.520 | 12.430 | » | » |
| — (c)..... | | 41.000 | 38.500 | 37.100 | 38.600 | 40.400 | 42.500 | 42.400 | » | » |

Après avoir ajouté au total de ce tableau les totaux coïncidents (a) du tableau n° 9 et les chiffres indiquant l'influence de l'effectif (1), on obtient les chiffres définitifs de l'accroissement dans la proportion des infirmes (b) et le nombre total des infirmes (c) en ajoutant la proportion initiale ou 30 pour 100.

| Années de naissance. | Années de recrutement. | Accroissement calculé. Totaux des tableaux nos 8 et 13 (b). | Cet accroissement ajouté à 30 p. 100. | Si 30 deviennent 100, que deviennent les chiffres de la colonne 4? | Mêmes chiffres comparés à la proportion de 1849. | Totaux du tableau n° 8. | Chiffres précédents augmentés de 100 à 118,6. |
|---|---|---|---|---|---|---|---|
| 1. | 2. | 3. | 4. | 5. | 6. | 7. | 8. |
| 1794 | 1814. | 2.84 | 32.84 | 109.3 | 88.5 (91.6) | 2.84 | 3.36 |
| 1799 | 1819 | 6.92 | 36.92 | » | » | » | » |
| 1804 | 1824 | 11.05 | 41.05 | » | » | » | » |
| 1809 | 1829 | 15.17 | 45.17 | » | » | » | » |
| 1814 | 1834 | 15.80 | 45.80 | 153.0 | 124.0 | 15.80 | 18.74 |
| 1819 | 1839 | 11.09 | 41.00 | » | » | » | » |
| 1824 | 1844 | 8.46 | 38.46 | » | » | » | » |
| 1829 | 1849 | 7.11 | 37.11 | 123.6 | 100.0 | 3.80 | 4.72 |
| 1834 | 1854 | 8.63 | 38.63 | » | » | » | » |
| 1839 | 1859 | 10.40 | 40.40 | » | » | » | » |
| 1844 | 1864 | 12.52 | 42.52 | 141.8 | 114.8 | 1.60 | 1.93 |
| 1849 | 1869 | 12.43 | 42.43 | » | » | » | » |

(1) Les trois derniers chiffres de la ligne (a) indiquent l'influence de l'effectif.

| Années de naissance. | Années de recrutement. | Totaux du tableau n° 13. | Chiffres précédents augmentés de 100 à 141. | La somme des colonnes 8 et 10. | Les chiffres de la colonne 11 ajoutés à 30 pour 100. | Les chiffres de la colonne 12 comparés à 30. | Idem comparés à 39.13. |
|---|---|---|---|---|---|---|---|
| 1. | 2. | 9. | 10. | 11. | 12. | 13. | 14. |
| 1794 | 1814 | » | » | 3.36 | 33.36 | 111.0 | 85.0 |
| 1799 | 1819 | » | » | » | » | » | » |
| 1804 | 1824 | » | » | » | » | » | » |
| 1809 | 1829 | » | » | » | » | » | » |
| 1814 | 1834 | » | » | 18.74 | 48.74 | 162.5 | 124.5 |
| 1819 | 1839 | » | » | » | » | » | » |
| 1824 | 1844 | » | » | » | » | » | » |
| 1829 | 1849 | 3.13 | 4.41 | 9.13 | 39.13 | 130.5 | 100.0 |
| 1834 | 1854 | » | » | » | » | » | » |
| 1839 | 1859 | » | » | » | » | » | » |
| 1844 | 1864 | 10.89 | 15.35 | 17.28 | 47.28 | 157.5 | 121.0 |
| 1849 | 1869 | » | » | » | » | » | » |

Il résulte du tableau n° 14, colonne 13, que la proportion des infirmités a dû augmenter relativement de 100 à 162,5 en 1834, à 130 en 1849 et à 157,5 en 1864 ; si on prend la moyenne de ces trois accroissements, on a 150. Donc la proportion des infirmités a dû augmenter de moitié. Telles sont les indications de la théorie sur l'intensité de la sélection militaire. Mais il faut observer que l'accroissement théorique date de 1812 et que la série de recrutement commence en 1816. Il y a là une marge qui nous oblige de prendre pour point de comparaison la proportion théorique de l'année 1849. Par rapport à cette proportion prise pour 100, celle de 1814 fait 85 ; celle de 1834, 124,5 ; et enfin celle de 1864, 121.

| Années. | Convoqués[1]. | De ce nombre non examinés. | Exemptés pour causes légales. | Visités. | Exemptés pour infirmités. | Rapport des exemptés aux visités. | Exemptés pour défaut de taille. | Pour 100 visités. |
|---|---|---|---|---|---|---|---|---|
| | (a) | (b) | (c) | a—(b+c) | | | | |
| 1816...... | 125 279 | 4 011 | 50 880 | 70 388 | 17 806 | 25.21 | 12 293 | 17.46 |
| 17...... | 115 068 | 4 124 | 38 564 | 72 380 | 17 852 | 24.70 | 14 200 | 19.60 |
| 18...... | 110 762 | 916 | 31 374 | 78 472 | 22 953 | 29.20 | 15 371 | 19.60 |
| 19...... | 111 617 | 820 | 27 243 | 83 554 | 26 184 | 31.30 | 17 143 | 20.05 |
| 1820...... | 105 140 | 1 151 | 22 962 | 81 027 | 25 596 | 31.47 | 15 316 | 18.83 |
| 21...... | 107 989 | 745 | 22 280 | 84 964 | 28 188 | 33.20 | 16 607 | 19.60 |
| 22...... | 105 218 | 833 | 20 315 | 84 070 | 27 387 | 32.57 | 16 610 | 19.73 |
| 23[2].... | 104 376 | 253 | 19 387 | 84 736 | 27 665 | 32.65 | 17 003 | 20.07 |
| 24...... | 147 973 | » | 26 301 | 121 672 | 38 797 | 32.93 | 22 950 | 18.85 |
| 1825...... | 149 736 | » | 26 260 | 123 476 | 42 297 | 34.24 | 21 082 | 17.06 |
| 26...... | 153 991 | » | 26 606 | 127 385 | 47 927 | 37.64 | 19 586 | 15.36 |
| 27...... | 152 638 | » | 26 123 | 126 515 | 47 890 | 37.88 | 18 666 | 14.75 |
| 28...... | 152 715 | » | 25 434 | 127 281 | 46 708 | 36.60 | 20 238 | 15.90 |

(1) Depuis 1831 cette rubrique porte, dans les comptes rendus, le nom des *examinés*.

(2) De 1816 à 1823, contingent de 40 000.

| | Convoqués. | De ce nombre non examinés. | Exemptés pour causes légales. | Visités. | Exemptés pour infirmités. | Rapport des exemptés aux visités. | Exemptés pour défaut de taille. | Pour 100. visités. |
|---|---|---|---|---|---|---|---|---|
| | (a) | (b) | (c) | a−(b+c) | | | | |
| 1829(1).... | 149 153 | » | 24 239 | 125 914 | 43 855 | 35.06 | 20 692 | 16.54 |
| 1830...... | 161 953 | » | 27 289 | 134 664 | 42 068 | 31.23 | 12 711 | 9.44(2) |
| 31...... | 171 541 | » | 27 862 | 143 679 | 47 531 | 33.10 | 15 935 | 11.10 |
| 32...... | 166 305 | » | 27 810 | 138 495 | 43 908 | 31.68 | 14 962 | 10.80 |
| 33...... | 172 397 | » | 28 863 | 143 534 | 48 175 | 33.50 | 15 078 | 10.50 |
| 34...... | 171 772 | » | 28 859 | 142 913 | 48 316 | 33.85 | 14 466 | 10.12 |
| 1835...... | 173 765 | » | 29 872 | 143 893 | 49 009 | 34.10 | 14 440 | 10.04 |
| 36...... | 179 317 | » | 30 551 | 148 766 | 53 788 | 36.25 | 14 843 | 10.00 |
| 37...... | 178 613 | » | 29 674 | 148 939 | 54 569 | 36.65 | 14 139 | 9.50 |
| 38...... | 174 607 | » | 29 310 | 145 297 | 51 829 | 35.70 | 13 244 | 9.12 |
| 39...... | 180 167 | » | 29 389 | 150 778 | 57 587 | 38.20 | 12 928 | 8.57 |
| 1840...... | 176 778 | » | 28 556 | 148 222 | 54 066 | 36.40 | 13 865 | 8.35 |
| 41...... | 175 541 | » | 26 726 | 148 818 | 54 878 | 36.85 | 12 754 | 8.57 |
| 42...... | 180 409 | » | 28 643 | 151 766 | 58 262 | 38.40 | 13 348 | 8.80 |
| 43...... | 179 327 | » | 27 859 | 151 468 | 58 622 | 38.70 | 12 672 | 8.36 |
| 44...... | 175 462 | » | 27 009 | 148 453 | 54 565 | 36.75 | 11 800 | 7.95 |
| 1845...... | 172 288 | » | 26 497 | 145 791 | 53 891 | 36.95 | 11 695 | 8.00 |
| 46...... | 173 910 | » | 26 508 | 147 402 | 56 013 | 38.00 | 11 203 | 7.60 |
| 47...... | 160 462 | » | 24 516 | 135 946 | 40 884 | 30.80 | 13 768 | 10.12 |
| 48...... | 166 994 | » | 25 731 | 141 263 | 49 217 | 34.80 | 11 791 | 8.35 |
| 49...... | 167 548 | » | 26 413 | 141 135 | 49 775 | 35.30 | 11 172 | 7.92 |
| 1850...... | 164 405 | » | 25 556 | 141 992 | 48 433 | 34.87 | 10 256 | 7.39 |
| 51...... | 161 077 | » | 24 454 | 136 623 | 46 838 | 34.30 | 9 699 | 7.10 |
| 52...... | 159 939 | » | 23 947 | 135 992 | 45 944 | 33.80 | 9 889 | 7.28 |
| 53(3).... | 255 749 | » | 39 780 | 215 969 | 62 376 | 28.87 | 15 329 | 7.10 |
| 54...... | 261 112 | » | 42 457 | 218 655 | 62 564 | 28.60 | 17 951 | 8.19 |
| 1855(4).... | 268 039 | » | 46 275 | 221 764 | 65 417 | 29.54 | 18 466 | 8 33 |
| 56...... | 211 620 | » | 37 721 | 173 899 | 60 673 | 34.85 | 13 332 | 7.66 |
| 57...... | 210 019 | » | 38 406 | 171 899 | 58 514 | 34.10 | 13 393 | 7.80 |
| 58...... | 267 333 | » | 49 916 | 171 613 | 63 829 | 29.35 | 16 591 | 7.63 |
| 59...... | 206 168 | » | 38 582 | 217 417 | 55 481 | 33.10 | 12 178 | 7.26 |
| 1860...... | 204 216 | » | 37 930 | 167 586 | 54 177 | 32.50 | 12 095 | 7.22 |
| 61...... | 205 093 | » | 36 758 | 166 286 | 56 524 | 33.60 | 11 710 | 6.95 |
| 62...... | 204 047 | » | 35 681 | 168 366 | 56 885 | 33.80 | 11 428 | 6.78 |
| 63...... | 204 870 | » | 35 747 | 169 123 | 57 659 | 34.05 | 11 421 | 6.75 |
| 64...... | 198 916 | » | 33 268 | 165 648 | 54 925 | 33.14 | 10 651 | 6.42 |
| 1865...... | 196 730 | » | 32 968 | 163 217 | 52 875 | 31.74 | 10 741 | 6.58 |
| 66...... | 192 930 | » | 32 166 | 160 764 | 50 737 | 31.55 | 9 847 | 6.12 |
| 67...... | 185 094 | » | 28 106 | 156 988 | 49 310 | 31.40 | 7 605 | 4.85 |
| 68...... | 188 959 | » | 28 917 | 160 042 | 52 133 | 32.45 | 7 655 | 4.79 |
| 1871...... | 178 845 | » | 26 266 | 152 579 | 38 195 | 25.00 | 9 041 | 5.92 |

(1) En 1824 il a été augmenté à 60 000, et à 80 000 en 1830.

(2) La limite de la taille a été abaissée en 1830 de 1ᵐ,57 à 1ᵐ,54. Elle est de 1ᵐ,56 depuis 1831 à 1866, et de 1ᵐ,55 depuis 1868 à 1872. Pour la classe 1873 elle est de 1ᵐ,54.

(3) Le contingent est de 140 000.

(4) Le contingent normal est de 100 000 à partir de 1856.

Il s'agit de voir si ces indications sont confirmées par les données sur le recrutement. En jetant un coup d'œil sur le tracé graphique ci-dessous (a), qui représente les exemptions pour infirmités, on voit, comme il a été déjà dit, que le nombre des infirmes aug-

*Exemptions pour infirmités (France).*

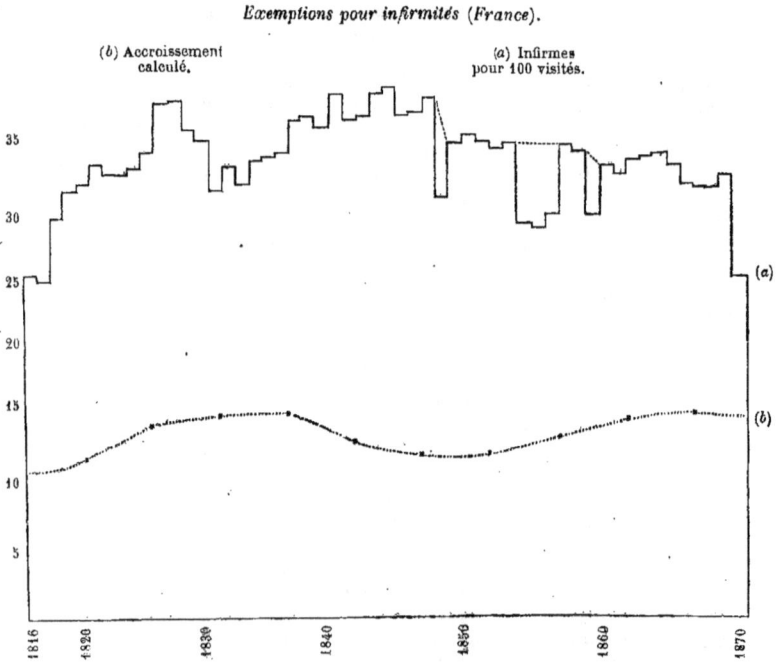

mente dans des proportions énormes, de 26 pour 100 en 1816-1817 à 38 en 1826-1827, et durant les années 1839, 1843 et 1846, descend ensuite en moyenne à 34 en 1860-1864. Donc un accroissement existe, mais le mouvement général de la ligne (a) ne ressemble que dans le premier tiers de son parcours à la ligne (b), qui représente le tracé de l'accroissement théorique. L'ensemble des infirmités ne présente pas cette diminution vers 1850 et cet accroissement vers 1864, qui doivent caractériser chaque infirmité subissant l'influence de la sélection militaire.

Mais l'ensemble des infirmités est très-hétérogène, et se trouve sous l'influence de causes multiples, ce qui rend difficile de discerner les résultats de chacune d'elles. Il faut entrer dans les détails et étudier le mouvement de chacune d'elles séparément. On verra sur les tableaux graphiques ( p. 39, 41, 43, 45 ) six causes d'exemption : goître, hernies, myopie, maladies de la peau (1), difformités (2), et maladies non spécifiées, présentant des mouvements analogues et quelquefois même presque identiques à celui du tracé théorique. Voyez par exemple le goître. Ici le mouvement est identique non-seulement en direction, mais même en étendue ; le taux d'accroissement est tel que celui qui est théorique.

L'étendue du mouvement est moins considérable pour les hernies.

Les hernies ont donné 20,95 pour 1000 (87,2) (3) exemptés en 1816-1817, 28,47 pour 1000 (118,5) en 1825-1829, 23,96 en 1845-

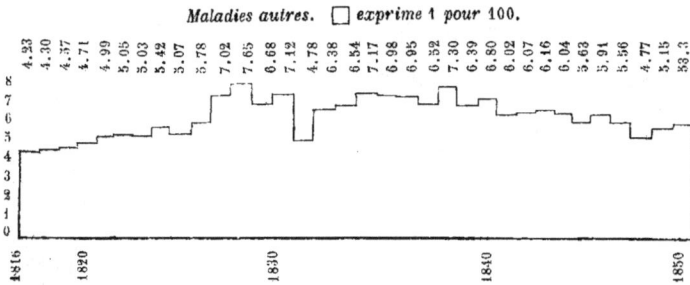

*Maladies autres.* ☐ exprime 1 pour 100.

1849 (100), 19,9 pour 1000 (100) en 1850-1852, 21,54 en 1860-1864 (100) et 24,9 pour 1000 (125) en 1865-1868.

Il faut observer que l'abaissement du tracé des hernies en 1850 ne nous paraît pas réel, et nous avons deux points de comparaison de 1845-1846 et de 1850-1852.

Il y eut 5,52 pour 1000 (155) recrues myopes en 1816-1817, 6,49 pour 1000 (182) en 1825-1829, 3,56 pour 1000 (100) en 1850-1852 et enfin 5,32 pour 1000 (150) en 1864-1868. Les difformités autres que le goître, la claudication, la perte des doigts, des dents, la surdité et le mutisme, la perte d'autres organes, se trouvaient chez 40,7 pour 1000 (68,05) recrues en 1816-1817, 67,5 pour 1000 (114) en 1825-1829 et 59,3 pour 1000 (100) en 1845-1849.

Les maladies autres que la faiblesse de constitution, les scro-

(1) Moins la teigne.

(2) Autres que la perte des doigts, des membres, surdi-mutité, goître, claudication et perte des dents.

(3) Nous plaçons entre parenthèses les résultats de comparaison des périodes entre elles.

fules, les hernies, l'épilepsie, les maladies des os, des yeux, de la peau et de la poitrine donnèrent lieu à 42,7 pour 1000 (77,7) exemptions en 1816-1817, 71,2 pour 1000 (119,5) en 1825-1829, 54,9 pour 1000 (100) en 1845-1849.

Les maladies de la peau autres que la teigne, la gale et la lèpre,

*Infirmes pour 100 visités.*                                    *Autres difformités.*

Saxe.

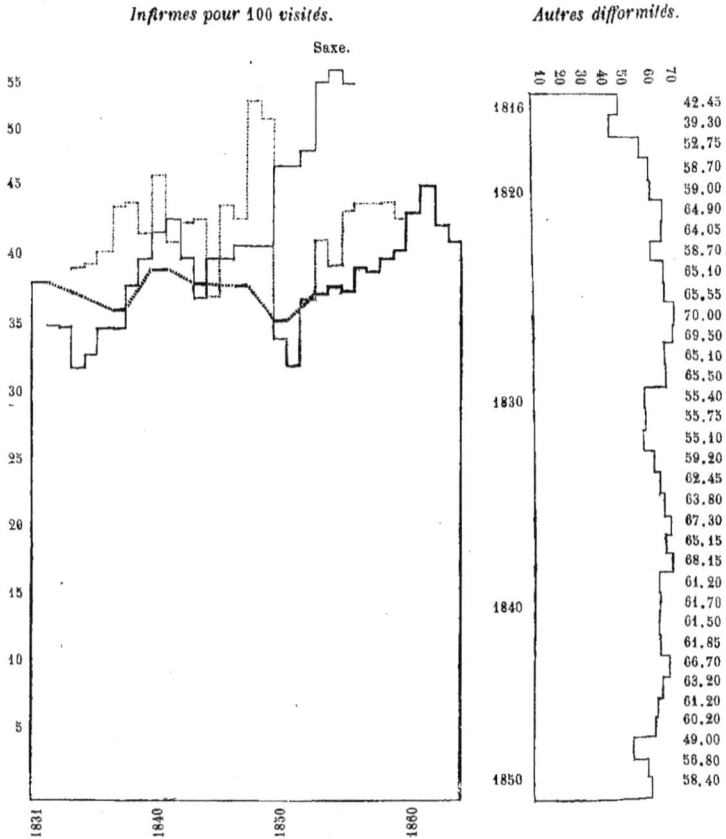

se rencontrent dans les proportions de 4,4 pour 1000 (68,5) recrues en 1816-1817, de 9,35 pour 1000 (114) en 1825-1829 et de 8,3 pour 1000 (100) en 1846-1849. Depuis 1850 la calvitie et les dartres ont été détachées de cette rubrique. Nous l'avons reconstituée en l'y ajoutant. On verra dans les tableaux (p. 51, 52, 54) que la calvitie et les dartres deviennent moins fréquentes, tandis que pour les autres maladies de peau on trouve de 1850-1852 à 1865-

*Goître. Les chiffres de l'échelle signifient 1 exempté sur 1 000 visités.*

*Myopie. Chaque* ☐ *exprime 1 exemplé sur 1 000 visités.*

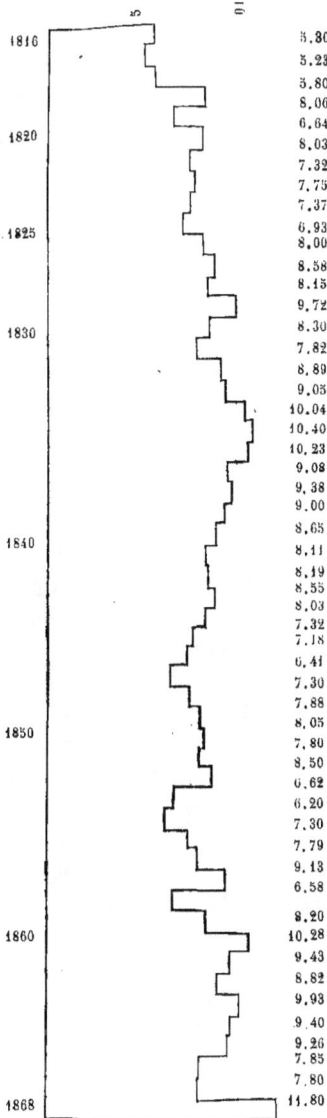

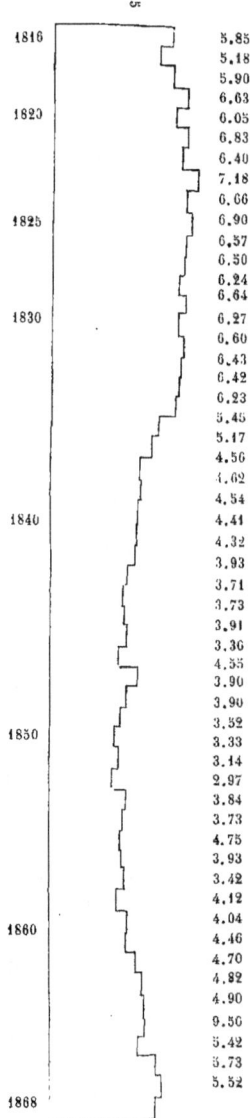

| Année | Goître | Année | Myopie |
|---|---|---|---|
| 1816 | 5.80 | 1816 | 5.85 |
| | 5.23 | | 5.18 |
| | 5.80 | | 5.90 |
| | 8.06 | | 6.63 |
| | 6.64 | 1820 | 6.05 |
| 1820 | 8.03 | | 6.83 |
| | 7.32 | | 6.40 |
| | 7.75 | | 7.18 |
| | 7.37 | | 6.66 |
| | 6.93 | 1825 | 6.90 |
| 1825 | 8.00 | | 6.57 |
| | 8.58 | | 6.50 |
| | 8.15 | | 6.24 |
| | 9.72 | | 6.64 |
| | 8.30 | 1830 | 6.27 |
| 1830 | 7.82 | | 6.60 |
| | 8.89 | | 6.43 |
| | 9.03 | | 6.42 |
| | 10.04 | | 6.23 |
| | 10.40 | | 5.45 |
| | 10.23 | | 5.17 |
| | 9.08 | | 4.56 |
| | 9.38 | | 4.62 |
| | 9.00 | | 4.54 |
| | 8.65 | 1840 | 4.41 |
| 1840 | 8.11 | | 4.32 |
| | 8.19 | | 3.93 |
| | 8.55 | | 3.71 |
| | 8.03 | | 3.73 |
| | 7.32 | | 3.91 |
| | 7.18 | | 3.36 |
| | 6.41 | | 4.35 |
| | 7.30 | | 3.90 |
| | 7.88 | | 3.90 |
| | 8.05 | | 3.52 |
| 1850 | 7.80 | 1850 | 3.33 |
| | 8.50 | | 3.14 |
| | 6.62 | | 2.97 |
| | 6.20 | | 3.84 |
| | 7.30 | | 3.73 |
| | 7.79 | | 4.75 |
| | 9.13 | | 3.93 |
| | 6.58 | | 3.42 |
| | | | 4.12 |
| | 8.20 | | 4.04 |
| 1860 | 10.28 | 1860 | 4.46 |
| | 9.43 | | 4.70 |
| | 8.82 | | 4.82 |
| | 9.93 | | 4.90 |
| | 9.40 | | 9.50 |
| | 9.26 | | 5.42 |
| | 7.85 | | 5.73 |
| | 7.80 | | 5.52 |
| 1868 | 11.80 | 1868 | |

4

1868 un accroissement de 1,31 à 1,63 exemptés, ou de 100 à 130.

*La lèpre*, maladie excessivement rare dans notre climat, présente les rapports suivants : il n'y a que 2 malades pour 100000 recrues. En 1816-1817 il y en a eu 14 pour 10000 (59) ; en1826-1829, 0,26 pour 10000 (108) ; en 1846-1849, 24 pour 10000 (100) ; en 1850-1854, 0,15 pour 10000 (100) ; et enfin en 1865-1868, 15,08 pour 10000 (105).

Il est assez douteux que la sélection militaire présente un rapport quelconque avec cette maladie. Quoique nous voyions depuis 1816 jusqu'en 1830, aussi bien que depuis 1850 jusqu'en 1868, un accroissement de cette maladie tel que le demande la théorie de la sélection militaire, néanmoins l'accroissement jusqu'à 45 pour 10000 en 1821 et la diminution en 1850-1854 jusqu'à 15 pour 10000 sont sous l'influence de causes que nous ne connaissons point.

On peut répéter la même chose touchant les *maladies du système osseux*, lesquelles ont donné 4,87 pour 1000 (89,5) exemptions en 1816-1817, 5,78 pour 1000 (106,5) en 1826-1829, 5,43 pour 1000 (100) en 1846-1849. En 1831-1835 nous trouvons à peu près la même proportion qu'en 1816-1817 (4,73 pour 1000). Il est évident qu'en dehors de la sélection militaire existent d'autres causes pouvant influencer l'accroissement ou la diminution de la proportion d'exemptés pour cause de l'une ou de l'autre maladie. Ainsi par exemple nous voyons la faiblesse de constitution (tableau n° 9) s'accroître parmi les recrues de 1816 (3,2 pour 100) jusqu'en 1826 (9,6 pour 100). Cette circonstance tient probablement à plusieurs causes : les mariages précoces, entre autres, contractés dans le but d'échapper au service militaire, auraient une influence directe sur l'accroissement des faibles ; il est démontré que la mortalité des enfants nés des mariages précoces est beaucoup plus grande que celle des enfants nés de parents ayant l'âge mûr. Cette conséquence des mariages précoces est d'autant plus probable qu'ils exercent une action fâcheuse sur la santé des parents eux-mêmes. Ainsi M. le docteur Bertillon avait démontré, moyennant de nombreuses données statistiques, que la mortalité des hommes mariés avant vingt ans est plus grande que celle des célibataires du même âge, tandis que pour les âges suivants le rapport est tout contraire, c'est-à-dire que, dans ce dernier cas, la mortalité des célibataires est plus grande que celle des hommes mariés. On en vient à la même conclusion quand on se rappelle que dans les mariages précoces il y a souvent stérilité. Malheureuse-

*Hernies. Chaque* ☐ *exprime 2 exemptés sur 1 000 visités.*

*Autres maladies de la peau.* ☐ *exprime 1 pour 1 000.*

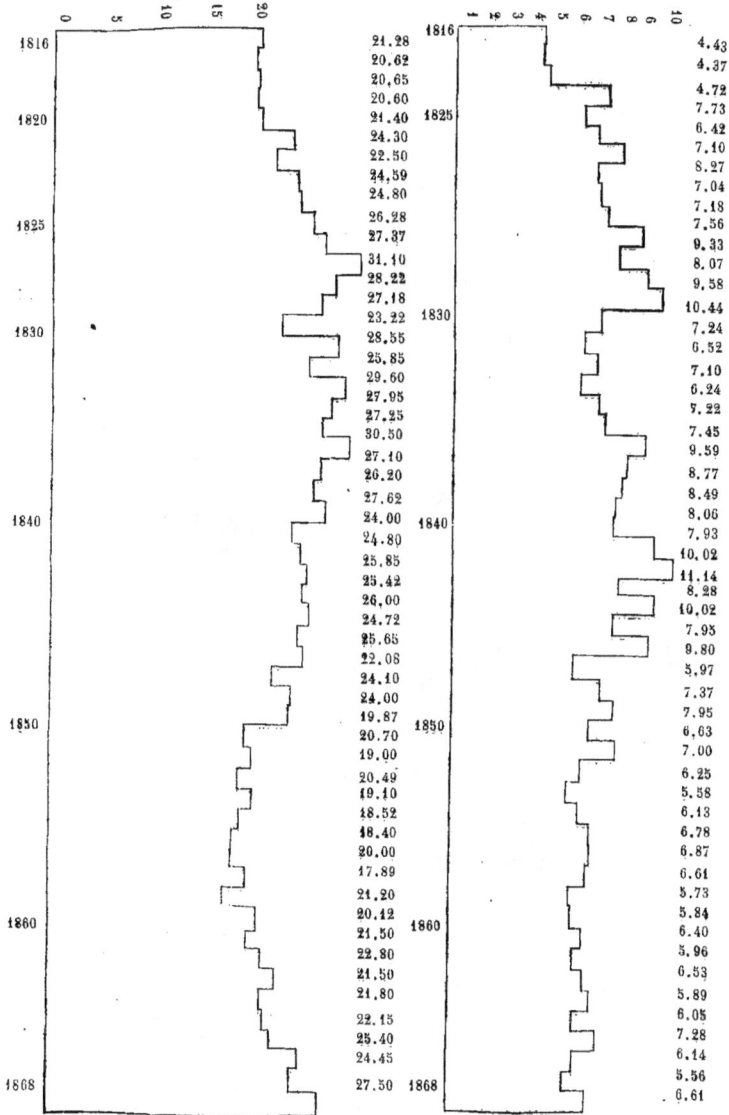

| Année | Hernies | Année | Autres maladies de la peau |
|---|---|---|---|
| 1816 | | 1816 | |
| | 21.28 | | 4.43 |
| | 20.62 | | 4.37 |
| | 20.65 | | 4.72 |
| | 20.60 | | 7.73 |
| 1820 | 21.40 | 1825 | 6.42 |
| | 24.30 | | 7.10 |
| | 22.50 | | 8.27 |
| | 24.59 | | 7.04 |
| | 24.80 | | 7.18 |
| 1825 | 26.28 | | 7.56 |
| | 27.87 | | 9.33 |
| | 31.10 | | 8.07 |
| | 28.22 | | 9.58 |
| | 27.18 | | 10.44 |
| 1830 | 23.22 | 1830 | 7.24 |
| | 28.55 | | 6.52 |
| | 25.85 | | 7.10 |
| | 29.60 | | 6.24 |
| | 27.95 | | 7.22 |
| | 27.25 | | 7.45 |
| | 30.50 | | 9.59 |
| | 27.10 | | 8.77 |
| | 26.20 | | 8.49 |
| | 27.62 | | 8.06 |
| 1840 | 24.00 | 1840 | 7.93 |
| | 24.80 | | 10.02 |
| | 25.85 | | 11.14 |
| | 25.42 | | 8.28 |
| | 26.00 | | 10.02 |
| | 24.72 | | 7.95 |
| | 25.65 | | 9.80 |
| | 22.08 | | 5.97 |
| | 24.10 | | 7.37 |
| | 24.00 | | 7.95 |
| 1850 | 19.87 | 1850 | 6.63 |
| | 20.70 | | 7.00 |
| | 19.00 | | 6.25 |
| | 20.49 | | 5.58 |
| | 19.10 | | 6.13 |
| | 18.52 | | 6.78 |
| | 18.40 | | 6.87 |
| | 20.00 | | 6.61 |
| | 17.89 | | 5.73 |
| | 21.20 | | 5.84 |
| 1860 | 20.12 | 1860 | 6.40 |
| | 21.50 | | 5.96 |
| | 22.30 | | 6.53 |
| | 21.50 | | 5.89 |
| | 21.80 | | 6.05 |
| | 22.15 | | 7.28 |
| | 25.40 | | 6.14 |
| | 24.45 | | 5.56 |
| 1868 | 27.50 | 1868 | 6.61 |

ment jusqu'à 1815 la loi sur le recrutement servait de stimulant direct pour les mariages précoces, vu que les hommes mariés étaient exempts du service militaire. De là suit ce fait étrange que le nombre des mariages contractés annuellement était en rapport direct avec le nombre des recrues demandées. La moyenne des mariages étant généralement de 220 000, en 1809 il y en a eu 268 000, et en 1813 388 000! Nous ne savons pas combien il y a eu de mariages précoces dans ce nombre, nous pouvons seulement supposer avec certitude que dans ce nombre sont compris beaucoup de mariages contractés avant vingt ans, vu que depuis 1808 étaient recrutés des jeunes gens de dix-huit ans.

La proportion dans l'accroissement des faibles s'augmentait encore par la hausse dans le prix du blé depuis 1813 jusqu'en 1817; ainsi que nous l'avons dit, la sélection militaire a dû produire son effet. Voilà donc trois causes. Il est évident qu'on ne saurait expliquer l'accroissement des faibles par le seul effet des guerres; on s'expliquera sans peine pourquoi cet accroissement atteint des proportions surprenantes, notamment en 1847 (14,25 pour 100), alors que toutes les autres maladies présentent un minimum relatif, et pourquoi, au lieu de l'augmentation signalée dans toutes les maladies héréditaires, la proportion des faibles subit une diminution vers 1864. En effet, depuis 1816, ces trois causes agissent simultanément; vers 1826, c'est-à-dire pendant dix ans, la proportion des exemptés devient le triple de ce qu'elle avait été; à partir de cette époque jusqu'en 1847, pendant vingt ans, deux causes sont en action : 1° les mauvaises récoltes depuis 1813, en tant qu'elles exercèrent leur influence sur les nouveau-nés, car il n'est point douteux que les conditions hygiéniques primitives, la nutrition de l'individu dans la première enfance, ne déterminent son état physiologique à l'âge adulte; et 2° les mariages précoces, dont l'action doit durer plusieurs années après 1815, car les parents qui avaient contracté ces mariages précoces existaient à cette époque en grand nombre, et nous savons que les individus qui font des mariages précoces produisent en moyenne un plus grand nombre d'enfants chétifs, et cela durant toute leur vie, ainsi que cela est démontré par le fait suivant : la mortalité des enfants nés des mariages précoces est plus forte que celle des enfants nés des unions normales. On voit cette cause agir dans les recrutements même après 1835. Lorsqu'il n'y a que l'influence de ces deux causes, elles-mêmes affaiblies d'ailleurs, l'augmentation ne

*Défaut de taille.   Exemptés sur 1 000 visités.*

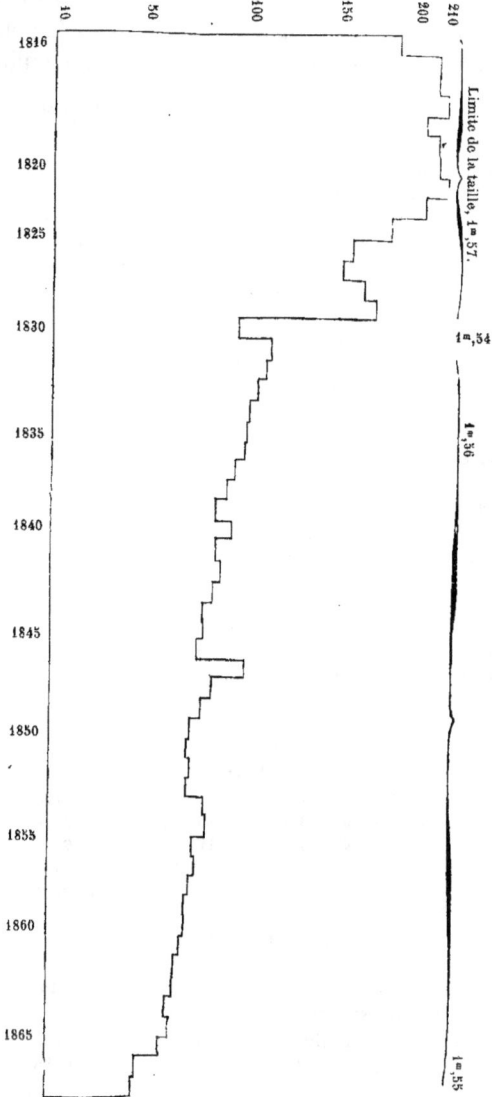

marche pas rapidement et dans vingt ans elle équivaut seulement à 4,3 pour 100. L'influence de ces deux causes commence à décroître probablement à partir de 1847, par conséquent on constate la diminution de la proportion des exemptés pour faiblesse de constitution, malgré l'influence de la sélection militaire.

| Période. | Perte des doigts. | Perte des dents. | Sourds et muets. | Perte d'autre membre. | Goitre. | Claudication. | Difformités autres. | Maladies des os. | Myopie. | Maladies des yeux (autres). |
|---|---|---|---|---|---|---|---|---|---|---|
| 1816-1820 | 6.30 | 8.51 | 4.57 | 13.31 | 6.20 | 9.89 | 50.44 | 5.52 | 5.92 | 16.11 |
| 1821-1825 | 5.10 | 8.00 | 3.89 | 12 47 | 7.48 | 7.01 | 65.66 | 5.86 | 6.80 | 15.13 |
| 1826-1829 | 5.57 | 9.65 | 4.45 | 12.30 | 8.36 | 6.58 | 67.50 | 5.98 | 6.44 | 13.95 |
| 1831-1835 | 5.02 | 9.27 | 4.75 | 11.02 | 9.24 | 6.81 | 59.26 | 4.73 | 6.22 | 12.48 |
| 1836-1840 | 5.53 | 9.65 | 3.70 | 11.15 | 9.27 | 5.74 | 64.70 | 4.83 | 4.66 | 11.76 |
| 1841-1845 | 4.75 | 9.53 | 3.36 | 10.93 | 8.24 | 5.75 | 62.89 | 4.68 | 3.92 | 10.82 |
| 1846-1849 | 3.79 | 9.02 | 3.85 | 10.90 | 7.19 | 5.88 | 55.90 | 5.44 | 3.93 | 11.24 |
| 1850-1854 | 7.21[1] | 8.53 | 3.56 | » | 7.43 | » | » | » | 3.56 | 8.12[2] |
| 1855-1859 | 8.29 | 9.72 | 3.89 | » | 7.80 | » | » | » | 3.79 | 8.29 |
| 1860-1864 | 8.70 | 12.34 | 5.97 | » | 9.57 | » | » | » | 4.58 | 8.57 |
| 1865-1868 | 8 99 | 14.64 | 4.05 | » | 9.24 | » | » | » | 5.30 | 9.44 |
| 1846-1849[3] | 7.55 | 8.50 | 3.56 | 10.77 | 7.45 | 5.76 | 58.47 | 5.88 | 3.72 | 11.35 |
| 1850-1852 | 7.18 | 9.12 | » | » | 7.99 | » | » | » | 3.31 | 8.50 |
| 1853-1855 et 1858 | » | 8.14 | » | » | 6.78 | » | » | » | 3.50 | 7.87 |

| Période. | Gale. | Teigne. | Lèpre. | Maladies de la peau (autres). | Scrofule. | Maladies de la poitrine. | Epilepsie. | Maladies autres. | Faiblesse de la constitution. | Hernies. |
|---|---|---|---|---|---|---|---|---|---|---|
| 1816-1820 | 0.19 | 7.45 | 0.21 | 5.53 | 14.17 | 5.08 | 4.49 | 45.6 | 51.05 | 20.90 |
| 1821-1825 | 0.19 | 8.39 | 0.28 | 7.43 | 13.87 | 4.68 | 3.96 | 52.7 | 77.40 | 24.50 |
| 1826-1829 | 0.08 | 7.02 | 0.21 | 9.35 | 13.07 | 4.51 | 3.16 | 71.2 | 93.80 | 28.50 |
| 1831-1835 | 0.06 | 5.44 | 0.23 | 6.91 | 10.50 | 3.42 | 2.47 | 68 0 | 79.04 | 27.84 |
| 1836-1840 | 0.07 | 5.22 | 0.11 | 8.57 | 11.80 | 4.30 | 2.13 | 66.1 | 110.39 | 27.08 |
| 1841-1845 | 0.15 | 4.92 | 0.17 | 9.48 | 13.02 | 3.51 | 1.79 | 59.6 | 132.98 | 25.36 |
| 1846-1849 | 0.25 | 4.28 | 0.24 | 7.71 | 12.34 | 3.17 | 1.95 | 52.0 | 123.60 | 23.96 |
| 1850-1854 | » | 2.68 | » | 1.15[4] | 11.51 | 3.22 | 1.63 | 28.6[5] | 112 50 | 19.83 |
| 1855-1859 | » | 2.45 | » | 1.03 | 11.34 | 3.11 | 1.64 | 27.3 | 115.82 | 19.20 |
| 1860-1864 | » | 2.20 | » | 1.30 | 10.86 | 3.83 | 1.76 | 28.0 | 107.52 | 21.54 |
| 1865-1868 | » | 1.77 | » | 1.63 | 8.41 | 3.44 | 1.66 | 27.1 | 96 90 | 24.90 |
| 1846-1849 [3] | » | » | 0.14 | 8.71 | 12.00 | 3.31 | 1.92 | 53.4 | 131.30 | 24.66 |
| 1850-1852 | » | 2.61 | 0.13 | 1.31 | 11.55 | 3.26 | 1.47 | 30.4 | 108.00 | 19.90 |
| 1853-1855 et 1858 | » | 2.73 | 0.17 | 0.93 | 11.10 | 3.01 | 1.67 | 25.7 | 100.00 | 19.00 |

(1) Depuis 1850 beaucoup des infirmités ont été détachées de cette catégorie des maladies non spécifiées.

(2) Le strabisme, la perte de la vue sont, depuis 1850, donnés à part.

(3) Cette période comprend les années 1846, 1848 et 1849; l'année 1847 a été exclue.

(4) Les dartres et la calvitie sont données à part depuis l'année 1850.

(5) Depuis 1850 cette rubrique est remplacée par celle des mutilations, qui est plus vaste.

Les X indiquent les maxima de détérioration physiologique, par conséquent le minimum des vieillards par suite de la guerre de Trente ans. Les signes — indiquent les minima produits par la guerre de 1754-1766, et les + indiquent les minima produits par la guerre de Charles XII. Le signe 1 indique l'époque où en moyenne sont arrivés à l'âge de 96 ans les guerriers de la période 1697-1718.

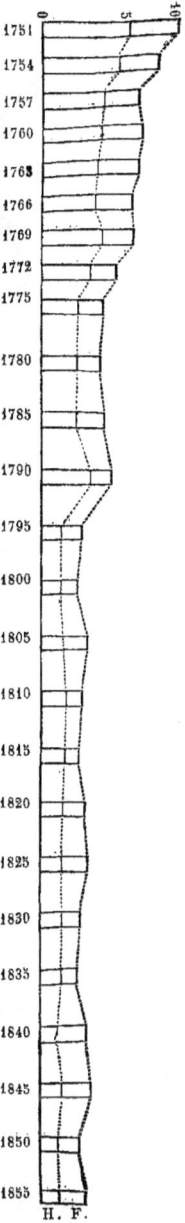

Femmes et hommes âgés de plus de 90 ans sur 10 000 individus de chaque sexe (Suède).

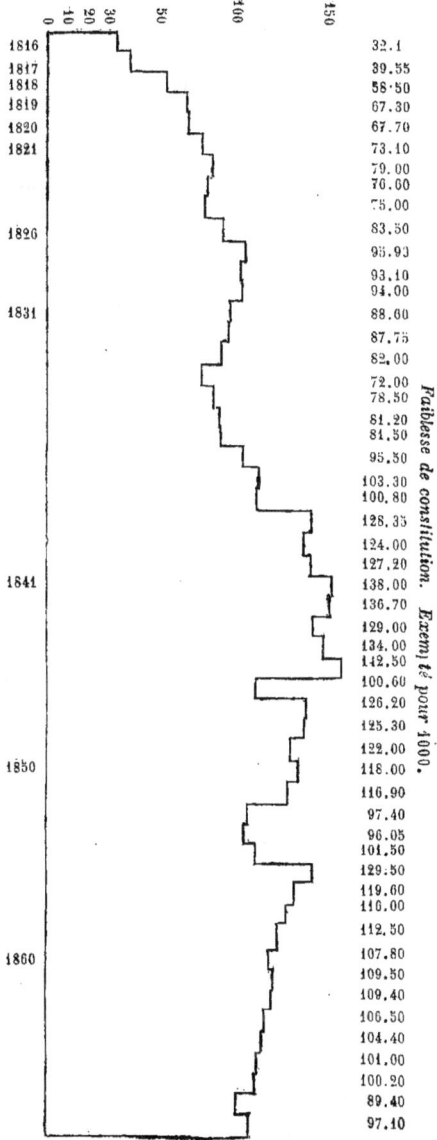

Faiblesse de constitution. Exem] té pour 1000.

| 1816 | 32.1 |
| 1817 | 39.55 |
| 1818 | 58·50 |
| 1819 | 67.30 |
| 1820 | 67.70 |
| 1821 | 73.10 |
| | 79.00 |
| | 76.60 |
| | 75.00 |
| 1826 | 83.50 |
| | 95.93 |
| | 93.10 |
| | 94.00 |
| 1831 | 88.60 |
| | 87.75 |
| | 82.00 |
| | 72.00 |
| | 78.50 |
| | 81.20 |
| | 81.50 |
| | 95.30 |
| | 103.30 |
| | 100.80 |
| | 128.35 |
| | 124.00 |
| | 127.20 |
| 1841 | 138.00 |
| | 136.70 |
| | 129.00 |
| | 134.00 |
| | 142.50 |
| | 100.60 |
| | 126.20 |
| | 125.30 |
| | 122.00 |
| 1850 | 118.00 |
| | 116.90 |
| | 97.40 |
| | 96.05 |
| | 101.50 |
| | 129.50 |
| | 119.60 |
| | 110.00 |
| | 112.30 |
| 1860 | 107.80 |
| | 109.50 |
| | 109.40 |
| | 106.50 |
| | 104.40 |
| | 101.00 |
| | 100.20 |
| | 89.40 |
| | 97.10 |

H. F.

Cet exemple fait comprendre pourquoi le mouvement général de plusieurs maladies héréditaires dans ses oscillations ne s'accorde pas avec la théorie de la sélection militaire. Cependant nous serons en état d'indiquer, en décrivant ces oscillations, quelques signes de cette influence. Pour le moment passons aux maladies qui deviennent plus rares ou du moins conservent la même proportion.

Les *scrofules* ont donné en 1816-1817 12,5 exemptés pour 1000 recrues ; en 1820, 15,8. Depuis, le nombre des scrofuleux diminue : en 1831-1835 il n'y en a que 18,5 pour 1000 ; puis vient de nouveau une certaine augmentation en 1846-1849, 12,3 pour 1000 : mais en 1860-1864 la proportion tombe à 10,9 pour 1000. Par conséquent, en général les scrofules sont plus rares ; quant aux périodes de la diminution et de l'augmentation, elles coïncident avec

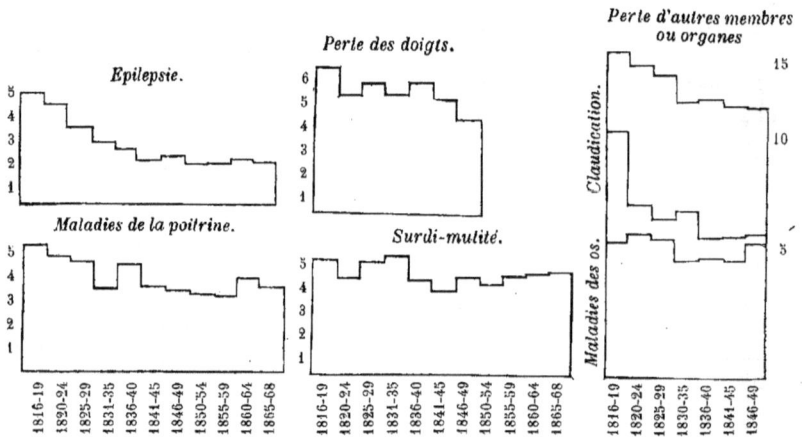

Épilepsie.

Perte des doigts.

Perte d'autres membres ou organes

Claudication.

Maladies de la poitrine.

Surdi-mutité.

Maladies des os.

les oscillations de la proportion des faibles, ce qui nous donne le droit de penser qu'elles ont lieu sous l'influence de causes identiques.

La diminution est encore plus considérable dans la proportion des recrues ayant la teigne. En 1816 cette proportion était de 6,4 pour 1000, en 1823 de 8,76 pour 1000, et en 1860-1864 elle tombe à 2,2 pour 1000. Cette amélioration indique, d'un côté, l'accroissement des soins de propreté, et, de l'autre, un certain progrès de thérapeutique, car de notre temps cette maladie guérit facilement.

Nous trouvons en même temps une diminution d'exemptés pour cause d'épilepsie, de perte des doigts et d'autres organes (les dents exceptées) et pour cause de claudication (tableau statistique et tableau graphique p. 46, 48). Le nombre d'épileptiques, qui était de 5 pour 1000 en 1818, est tombé à 1,8 en 1836, à 1,5 en 1852 et à 1,76 en 1860-1864. La diminution considérable ne va pas au-delà de 1836. Les trois autres maladies présentent une diminution moins notable et elle cesse avant 1836. La perte des doigts en 1816 se voit chez 7,3 pour 1000, en 1824 seulement chez 4,8 pour 1000, et depuis cette époque la proportion reste à peu près la même. En 1816 nous trouvons 11,2 pour 1000 exemptés pour cause de claudication, en 1824 près de 6. La perte d'autres organes (excepté les doigts, les dents et la perte de l'ouïe) avait donné en 1816 13 exemptions pour 1000, et à partir de 1830, 11 pour 1000. Quelle est la cause de cette diminution qui ne va pas au-delà de 1836? La direction même du mouvement, c'est-à-dire son abaissement graduel depuis 1816, en indique nettement la cause. Ces quatre catégories de maladies et de difformités présentent de l'analogie, en ce que toutes elles peuvent avoir pour origine les conditions qui existaient en France de 1792 à 1815, les guerres civiles et les invasions. Quant à l'épilepsie, cette maladie était influencée par les mêmes causes, vu que la terreur, et en général toutes les commotions morales, constituent l'une des principales conditions qui la provoquent, lorsque la prédisposition organique existe. C'est dans ces conditions que se passa la jeunesse des recrues de 1816. Celles qui naquirent après 1815, c'est-à-dire les recrues de 1836, n'avaient point subi leur influence. Entre ces deux points extrêmes leur action s'affaiblit à mesure que diminue le nombre des années qui séparent ces recrues de l'an 1815. Si cette explication est juste, et elle s'accorde parfaitement avec le caractère pathologique et la marche de la diminution de ces quatre causes d'exemption, la diminution, dont il est question, démontre que les événements de 1792-1815 avaient produit l'accroissement de la proportion des exemptés — il est vrai, une augmentation temporaire, qui passe avec les causes qui l'avaient provoquée — mais en tous cas nous n'y devons voir que le retour vers l'état physiologique qui avait précédé les guerres de la fin du siècle passé et du commencement de notre siècle.

Nous pouvons dire la même chose touchant la surdité, qui présente les proportions suivantes : en 1816-1817, 4,86 pour 1000; en 1825, 3,72 pour 1000; puis de nouveau 5,5 pour 1000 en 1830-1832, 3,56 pour 1000 en 1850-1854, enfin 4,1 en 1865-1868. Or, la surdité est une maladie héréditaire et peut aussi avoir pour cause le traumatisme ; de là cette conclusion, que cette maladie doit présenter le mouvement propre aux causes d'hérédité et de traumatisme, c'est-à-dire la diminution depuis 1816, puis deux maxima, un en 1831, un autre vers 1864, et dans l'intervalle un minimum, notamment en 1850. C'est précisément ce que nous trouvons. En général les maladies des yeux, excepté la myopie, donnent 16,5 pour 1000 exemptés en 1816-1820, mais à partir de cette époque elles diminuent graduellement, et en 1846-1849 (nous ne pouvons les suivre au-delà de cette époque) nous ne trouvons que 11,2 pour 1000 exemptés pour ces maladies ; mais déjà en 1837 nous ne trouvons que 11,5 pour 1000 recrues malades des yeux. Ainsi cette diminution date de 1816 à 1836, comme cela a lieu pour les maladies qui subissent des influences traumatiques, et comme les maladies des yeux ont souvent pour origine le traumatisme, on est à même de penser que la diminution du nombre des individus atteints de ces maladies a la même signification que la diminution du nombre des épileptiques, des boiteux, etc. Dans la suite nous verrons, à l'aide des données plus détaillées depuis 1850, que la sélection militaire exerce aussi son influence ; le maximum de 1830 est caché par la diminution précédente par suite de la cessation des influences traumatiques. Cela est certain aussi par rapport aux épileptiques, car à partir de 1836 les oscillations dans leur nombre s'accordent parfaitement avec la théorie de la sélection militaire. Mais ici se présente l'objection suivante : si la proportion des épileptiques change conformément aux indications de la théorie basée sur l'hypothèse de l'hérédité absolue, comment expliquer qu'un grand nombre d'épileptiques des années 1816-1820 ne donnent pas lieu à une augmentation correspondante dans 30 ans, ainsi que l'exige la théorie de la transmission héréditaire ? La réponse n'est pas difficile : 1° le nombre des épileptiques depuis 1850 jusqu'à 1864 n'augmente qu'en raison de 100 : 108, tandis que la théorie indique une augmentation de 100 : 116. Par conséquent la moitié des épileptiques ne transmettent pas le germe de leur maladie aux générations suivantes, ou parce qu'ils ne laissent pas d'enfants, ou parce qu'ils subissent les formes de la maladie qui ne sont pas absolument héréditaires ; 2° les accidents d'épilepsie provoqués par des commotions morales plutôt que par la structure organique qui tient sous sa dépendance l'irritabilité pathologique du cervelet et les attaques qui s'ensuivent, ces accidents d'épilepsie guérissent assez facilement et peuvent ainsi ne pas donner lieu à une transmission héréditaire. Ainsi s'expliquent les oscillations dans la proportion des épileptiques.

On doit aussi rapporter à cette catégorie les maladies de poitrine, qui donnent en 1816-1817 6,2 pour 1000 recrues, près de 4 pour 1000 en 1825, 3,3 pour 1000 en 1846-1849 et 3,6 en 1860-1864. Comme dans les maladies précédentes, la marche après 1816 indique l'influence traumatique, et après 1830, l'influence de la sélection militaire.

Il nous reste à dire quelques mots pour compléter, touchant la perte des dents qui se présente en 1816-1820 chez 8,5 pour 1000 et en général jusqu'en 1850 chez 9 pour 1000, tandis qu'en 1865-1868 elle existe chez 14,6 pour 1000.

Nous avons exposé les oscillations dans la proportion des exemptés jusqu'à 1850 ; nous n'avons pu suivre certaines maladies au-delà de cette période, mais à partir de ce temps les données sont beaucoup plus complètes et présentent un champ vaste pour l'investigation.

En résumé, les vingt et une catégories suivantes présentent une augmentation croissante de la proportion des exemptés, ainsi qu'on le voit par le tableau que voici :

| | Phthisie. | Maladies du cœur et des gros vaisseaux. | Maladies des voies respiratoires. | Perte d'un œil, ou de son usage. | Perte complète de la vue | | Strabisme. | Bec-de-lièvre. | Bégayement. | Maladies des testicules |
| | | | | | congénitale. | par accident. | | | | |
|---|---|---|---|---|---|---|---|---|---|---|
| 1850-1854 | 0.85 | 2.34 | 2.36 | 5.21 | 0.35 | 0.14 | 0.97 | 0.40 | 3.54 | 5.15 |
| 1855-1859 | 0.81 | 2.56 | 2.32 | 5.55 | 0.34 | 0.16 | 1.08 | 0.41 | 3.71 | 5.69 |
| 1860-1864 | 1.14 | 2.79 | 2.73 | 5.65 | 0.40 | 0.16 | 1.12 | 0.42 | 4.03 | 6.65 |
| 1865-1868 | 1.19 | 3.46 | 2.27 | 5.99 | 0.36 | 0.16 | 1.29 | 0.49 | 4.31 | 6.96 |
| 1850-1852 | 0.80 | 2.41 | 2.46 | 5.13 | 0.35 | 0.13 | 0.97 | 0.41 | 3.74 | 5.62 |
| 1853-1854 | | | | | | | | | | |
| 1855-1858 | 0.89 | 2.22 | 2.12 | 5.41 | 0.37 | 0.15 | 0.99 | 0.39 | 3.42 | 4.82 |
| Accroissement relatif de 1850-1852 à 1860-1864. | 1.42 | 116.0 | 111.0 | 110.0 | 114 | 123 | 115.3 | 102.5 | 102.5 | 118.3 |
| Id. de 1850-1852 à 1865-1868. | 1.49 | 143 7 | 92.2 | 116.8 | 103 | 113 | 133.0 | 119.6 | 115.0 | 124.0 |

| | Autres maladies des voies urinaires. | Perte de mouvement des membres supérieurs congénitale. | Perte des membres inférieurs. | Surdi-mutité congénitale. | Surdité, suite de maladie ou de blessure. | Maladies de l'appareil auditif. | Aliénation mentale. | Paralysie. | Engorgement des viscères abdominaux. | Maladies de la bouche (autres). | Maladies de la peau (autres). |
|---|---|---|---|---|---|---|---|---|---|---|---|
| 1850-1854.. | 1.14 | 1.11 | 1.54 | 1.14 | 1.79 | 0.63 | 0.54 | 0.60 | 1.46 | 1.07 | 1.15 |
| 1855-1859.. | 1.21 | 1.12 | 1.59 | 1.23 | 1.90 | 0.76 | 0.56 | 0.65 | 1.49 | 1.09 | 1.03 |
| 1860-1864.. | 1.68 | 1.44 | 1.95 | 1.18 | 1.98 | 0.81 | 0.62 | 0.74 | 1.77 | 1.40 | 1.30 |
| 1865-1868.. | 1.41 | 1.46 | 2.27 | 1.14 | 1.99 | 0.93 | 0.58 | 0.72 | 1.78 | 1.31 | 1.70 |
| 1850-1852.. | 1.21 | 1.19 | 1.67 | 1.12 | 1.78 | 0.67 | 0.54 | 1.59 | 1.59 | 1.21 | 1.31 |
| 1853-1854 — | | | | | | | | | | | |
| 1855-1858.. | 0.88 | 1.11 | 1.61 | 1.22 | 1.87 | 0.69 | 0.56 | 0.63 | 1.29 | 0.88 | 0.93 |
| Accroissement relatif de | | | | | | | | | | | |
| 1850-1852 à | | | | | | | | | | | |
| 1860-1864.. | 139.0 | 121 | 117 | 105.3 | 111.3 | 121 | 115.0 | 125.4 | 111.3 | 115.7 | 99 |
| Idem de | | | | | | | | | | | |
| 1850-1852 à | | | | | | | | | | | |
| 1865-1868.. | 116.5 | 123 | 136 | 102.0 | 111.7 | 139 | 107.4 | 122.0 | 117.0 | 108.3 | 130 |

A part les quatre moyennes pour la période de 1850-1868, on trouve dans le tableau n° 17 la moyenne de la période de 1850-1852, et celles des années 1853, 1854, 1855 et 1858. Il était nécessaire de donner ces moyennes, car si on prenait pour point de comparaison la moyenne de la période 1850-1854, on commettrait une erreur grave, la proportion des infirmes étant alors diminuée par l'influence des gros contingents, qui obligent les conseils de révision d'être moins sévères à l'examen des recrues.

En éliminant ainsi de nos moyennes les années aux gros contingents, nous prenons pour point de comparaison la moyenne de la période de 1850-1852, lorsque le contingent n'a été que de 80 000. La cause d'erreur étant éloignée, les résultats nous paraissent être à l'abri de la critique.

L'accroissement du nombre des infirmes pour les vingt et une causes d'exemption ci-dessus indiquées est réel, mais d'une importance différente. La surdi-mutité, par exemple, devient 102 en 1865-1868, si la proportion de la même infirmité en 1850-1852 est prise pour 100 ; la fréquence de la perte complète de la vue, envisagée dans les mêmes conditions, est de 103 (114 en 1860-1864) ; la fréquence des maladies de la bouche est de 108,3 (115,7 en 1860-1864) ; celle de l'aliénation mentale, de 107,4 (115 en 1860-1804), celle de la surdité ayant pour cause première les maladies ou les blessures, de 111,7; celle du bégaiement, 115; des maladies des voies urinaires non spécifiées, 116,5; de l'engorgement des viscères abdominaux, 117; du bec-de-lièvre, 113,6; de la paralysie, 122 (125,4 en 1860-1864).

Nous avons placé dans ce tableau les maladies des voies respiratoires parce que, en apparence, depuis 1864, une partie des exemptés pour cette cause étaient inscrits dans la section des maladies du cœur, ce qui a déterminé l'énorme augmentation de ces maladies. Les conditions défavorables dans lesquelles se fait l'examen des recrues, la hâte et le bruit rendent facile la confusion de ces deux catégories de maladies, qui exigent un diagnostic sérieux.

A notre avis, il faut prendre la somme d'exemptions pour la phthisie, les maladies du cœur et des gros vaisseaux, et les maladies des voies respiratoires en général; on obtient alors 5,67 exemptés pour 1 000 en 1850-1852, et 6,92 pour 1 000 en 1865-1868; l'accroissement relatif est de 100 à 122; tandis que, prises séparément, ces trois causes d'exemption présentent : 1° pour les maladies des voies respiratoires, une diminution de 100 à 92,2 (111 en 1860-1864); 2° pour la phthisie, un accroissement de 149 (142 en 1860-1864); et 3° pour les maladies du cœur, un accroissement de 143,7 (116 en 1860-1864).

La proportion des exemptés pour perte de mouvement des membres supérieurs (congénitale) présente un accroissement relatif de 123; les maladies des testicules présentent un accroissement de 124; la perte complète de la vue par accident, 123; les maladies de la peau (autres), 130; le strabisme, 133; la perte de mouvement des membres inférieurs (congénitale), 136; les maladies de l'appareil auditif, 139. On peut y ajouter aussi le cas de mutilation des doigts (tableau n° 16), qui présente un accroissement de 100 à 119 ( 7,55 pour 1 000 en 1850-1852, et 8,99 pour 1 000 en 1865-1868).

Nous ne voulons pas affirmer que tous ces accroissements ont pour cause la sélection militaire. Il est vrai qu'ils s'effectuent pendant la première période et dans des proportions très-rapprochées, et quelquefois identiques avec le tracé théorique, mais il est possible que cela n'arrive que par une coïncidence fortuite. Il est probable que quelques cas d'exemption deviennent plus fréquents dans cette période sous l'influence de quelque autre cause. Mais on nous accordera, je l'espère, que la plupart des infirmités deviennent plus fréquentes par suite de l'action de la sélection militaire ; on nous accordera que le fait de 21 causes d'exemption, toutes héréditaires (perte de vue par accident exceptée), qui suivent la marche déduite des lois d'une influence qui agit par l'hérédité, est bien frappant ; qu'il ne laisse pas de doute sur la réalité de cette influence.

*Diminution ou accroissement relatif de 1850-52 à 1860-64.*
*Diminution de 1850-52 à 1865-68.*

| | Dartres. | Calvitie. | Varicocèle. | Varicos. | Amaigrissement. Contracture. | Pied plat. | Pied bot. | Gibbosité, déviation de la colonne vertébrale. | Crétinisme : idiotisme, imbécillité. |
|---|---|---|---|---|---|---|---|---|---|
| 1850-54......... | 2.10 | 3.29 | 13.37 | 13.04 | 6.71 | 4.70 | 14.86 | 9.10 | 4.14 |
| 1855-59......... | 1.86 | 3.47 | 10.17 | 13.01 | 6.80 | 4.39 | 14.54 | 10.28 | 4.29 |
| 1860-64....,.... | 1.58 | 3.49 | 9.90 | 12.66 | 6.66 | 5.03 | 16.73 | 10.23 | 4.27 |
| 1865-68......... | 1.32 | 3.29 | 7.70 | 11.88 | 6.72 | 3.97 | 14.20 | 9.11 | 4.18 |
| 1850-52......... | 2.23 | 3.44 | 16.35 | 15.60 | 7.10 | 4.95 | 16.50 | 9.60 | 4.17 |
| 1853-4-5-58..... | 1.90 | 3.01 | 8.60 | 9.25 | 6.17 | 3.79 | 12.72 | 8.64 | 4.28 |
| | 71 | 101 | 61 | 81 | 94 | 101.5 | 101 | 106.5 | 102 |
| | 58 | 96 | 47 | 76 | 94 | 80 | 86 | 95 | 100 |

Il reste à faire mention des quelques infirmités qui deviennent moins fréquentes (tableau n° 18). Telle est la varicocèle, qui de 16,35 pour 1 000 ne présente en 1865-1868 que 7,7 exemptés, ce qui constitue une diminution de 100 à 47 ; telles sont les dartres, 2,23 pour 1 000 en 1850-1852, et 1,32 en 1865-68 (diminution de 100 à 58) ; les varices, 15,60 exemptés pour 1 000 en 1850-1852, et 11,88 en 1865-1868 (diminution de 100 à 76) ; et dans le même espace de temps une diminution relative des pieds plats de 100 à 80 (101,5 en 1860-1864) ; des pieds bots, 86 (101 en 1865-1868) ; de l'amaigrissement, 94 ; de la gibbosité, 95 (accroissement à 106,5 en 1860-1864) ; de la calvitie, 96 (101 en 1860-1864). Le crétinisme présente un accroissement de 100 à 102 en 1860-1864 ; en 1865-1868 on trouve 4,18 crétins sur 1 000 visités, aussi bien qu'en 1850-1852 (4,17).

Faut-il croire que toutes ces diminutions sont réelles ? Nous ne le croyons pas, et voici pourquoi :

Toutes les infirmités précitées, à l'exception du crétinisme, sont de telle nature, qu'on peut les admettre dans l'armée dans une large proportion. En 1853-1855 et 1858 la moitié des hommes ayant des varices ou la varicocèle ont été admis, et il en a été de même d'un quart des hommes ayant des pieds plats et des pieds bots ; des admissions nombreuses de dartreux, d'hommes atteints de la calvitie, de la gibbosité et de l'amaigrissement ont eu lieu également. Or, ce qui a été fait alors exceptionnellement, vu les exigences politiques, est devenu la règle aujourd'hui ; les nouvelles instructions médicales pour le recrutement de l'armée, appliquées à partir de la classe de 1871, ont réduit la proportion totale des infirmes de 32 pour 100 en 1868 à 25 pour 100, en établissant l'admissibilité de plusieurs infirmités et difformités dans leur expression légère. Ce changement dans l'idée sur l'aptitude, définitivement établi par les lois, avait pénétré dans la pratique depuis quelques années bien avant; en 1864 on observe la diminution dans la fréquence de plusieurs infirmités qui sont devenues légalement admissibles depuis l'année 1871.

Maintenant passons à l'exemption pour défaut de taille (1). Cette catégorie d'exemptions présente un mouvement tout différent de notre tracé théorique : 1º la diminution dans la proportion des trop petits date de 1819-1822, et non pas de 1830 ; et 2º ce mouvement ne présente pas l'accroissement vers 1864, observé dans toutes les maladies héréditaires. Or, comme la taille est envisagée comme une qualité essentiellement héréditaire, il est impossible de passer ces faits, qui, de prime abord, semblent être en contradiction avec la théorie de la sélection militaire. Mais ce désaccord n'est qu'apparent. En effet, l'action de la sélection militaire sur les infirmités a presque cessé en 1815, après la fin de la guerre, tandis que par rapport à la taille elle n'existait plus bien avant cette époque; la limite de la taille fixée à $1^m,57$ jusqu'à l'année 1805, a été réduite à $1^m,54$ à partir de cette époque, et à partir de 1811 on admettait tout individu bien constitué, quelle que fût sa taille. La réduction de la limite de la taille admissible de $1^m,57$ à $1^m,54$ en 1830 a eu pour conséquence de diminuer le nombre des exemptés pour défaut de taille de 16,5 à 9,4. Donc on peut dire que l'intensité de la sélection a diminué de moitié, en 1805, dix ans avant qu'elle disparût pour les autres infirmités, et il est tout naturel de voir le maximum des trop petits précéder environ de dix ans l'époque du maximum des infirmes (il s'observe en 1819-1823). La différence dans la façon d'agir de la sélection militaire sur la taille explique dans ce cas la déviation de la règle générale dans la marche de cette cause d'exemption.

(1) Voir page 617.

Or, si le premier maximum s'observe en 1819-1823 ou bien en 1821 (année médiane), le second viendra trente-deux ans plus tard (tel est l'intervalle de la reproduction des maxima), c'est-à-dire en 1853 ; dans l'intervalle on doit observer un minimum, notamment en 1837 ; ces indications se confirment pleinement, non pas par des données sur la proportion des trop petits, mais par des données sur la taille moyenne du contingent, qui diminue de $1^m,655$, en 1835-1840 à $1^m,653.7$ en 1853-1856, et remonte ensuite à $1^m,654.6$ en 1864. Ainsi le second maximum théorique de la diminution de la taille est fixé en 1853, et en effet on observe le minimum de la taille vers cette époque ($1^m,653.2$ en 1855) ; la théorie indique une décroissance de la taille vers 1853, et un accroissement après cette époque, et ces deux mouvements s'observent en effet. Cette explication est un témoignage éclatant des services rendus par la théorie mathématique de la sélection militaire. En effet, dès qu'elle a établi les lois de cette influence, on parvient à expliquer les faits qui paraissaient être une énigme.

Nous avons vu que la proportion des exemptés pour défaut de taille diminue en même temps que la taille du contingent s'abaisse, ce qui est étrange ; en effet, si la taille diminue, on devrait s'attendre à trouver un plus grand nombre d'hommes de petite taille, et on trouve justement le contraire, ce qui fait soupçonner la valeur des données sur le nombre relatif des trop petits. Elles sont généralement réputées comme étant les plus exacts de tous les résultats de recrutement; nous ne sommes pas de cet avis, et voici pourquoi. La petite taille s'unit fréquemment à la faiblesse de la constitution; la preuve en est dans ce fait que, chaque fois que le recrutement se faisait moins sévèrement, on exemptait un nombre d'individus moindre pour faiblesse de constitution ; la proportion des hommes petits augmentait. Ainsi en 1847 la proportion des faibles diminue de 142 à 100,6 sur 1000 visités. En même temps les hommes petits font 101,2, au lieu de 76,6 pour 1000 ; en 1853-1855 il y a 97 faibles sur 1000, au lieu de 116,9 — proportion de l'année précédente, et les trop petits font 78,8 au lieu de 72,8 pour 1000 (proportion de l'année 1852).

Nous croyons que cela tient à ce que les 42 recrues faibles (sur 1000) exemptées en 1846 et admises en 1847 ont fourni 25,2 hommes de petite taille, aussi bien qu'en 1853-1854 les 20 recrues faibles (sur 1000) ont fourni 6 hommes de petite taille, tandis qu'antérieurement, quand ces faibles recrues subissaient l'exemption, elles n'étaient pas mesurées, et par conséquent ne donnaient pas d'exemption pour défaut de taille. Si cette explication est juste, les recrues faibles présentent de 30 à 60 hommes de petite taille sur 100 (6 sur 20 en 1853-1855, et 25,2 sur 42 en 1857). Il est évident que les résultats ne sont pas les mêmes suivant que l'on mesure la taille des recrues tout d'abord, ou qu'on les examine médicalement. La première méthode fournira naturellement un plus grand nombre d'hommes de petite taille, la seconde en donnera moins ; si *vice versa* on passe du premier procédé au second, on aura une diminution des trop petits tout à fait fictive. Or, les instructions n'étaient pas les mêmes sur ce sujet; celles de 1831 recommandent de donner la priorité à la taille, tandis que les instructions de 1840 conseillent, dans l'intérêt des familles, d'exempter un plus grand nombre pour cause d'infirmités que pour défaut de taille, parce que les infirmes sont censés ne pas être des soutiens de famille, et le frère d'un individu exempté pour infirmité peut être exempté comme soutien indispensable de la famille; il en est autrement quand un individu est exempté pour défaut de taille. Suivant notre avis, ces changements dans le procédé de recrutement peuvent expliquer la diminution des trop petits de 111 pour 1000 en 1831 à 76 en 1846, alors que ces trop petits allaient grossir la rubrique des faibles de constitution. Après cette époque, la diminution se poursuit, mais plus lentement, de 76 pour 1000 en 1846 à 61,2 en 1868.

De plus, il est à remarquer que la taille subit d'autres influences que l'hérédité. L'une d'elles, c'est la composition chimique du sol où croît la nourriture des hommes ; cette circonstance n'avait pas joui d'une assez grande attention de la part des savants, ou pour mieux dire n'avait pas acquis une suffisante popularité, mais déjà plusieurs observations ont été recueillies. C'est ainsi que Saussure avait déjà remarqué que le bétail sur les montagnes de granit est d'une plus petite taille que celui qui va paître sur un terrain calcaire (1).

« Lorsqu'on passe des montagnes calcaires aux montagnes granitiques, on est frappé des différentes influences que ces deux sols ont sur la végétation. Le sol calcaire paraît l'emporter sur le sol granitique, non-seulement par la variété des plantes aux-

(1) *De l'influence du sol* (*Journal de physique*, 1800, Genève, t. II, p. 9).

quelles il sert de support, mais encore par l'état de vigueur et de prospérité où elles s'y trouvent... Lorsque j'ai dirigé mon attention sur les vertus nutritives des végétaux calcaires et des végétaux granitiques, j'ai vu que les animaux qui se nourrissaient sur les granits *étaient plus petits, plus maigres et fournissaient moins de lait que ceux qui se nourrissaient sur les terrains calcaires*, quoique les végétaux crus sur les deux sols fussent lés mêmes et que les quantités de ces végétaux fournis aux animaux dans ces deux cas fussent égales. »

Si cela est vrai, il est certain qu'une plus grande quantité de chaux dans des couches labourables, qu'on emploie pour l'engrais, amène nécessairement l'accroissement de la taille; et comme la chaux n'est employée que sur le terrain argileux, sablonneux, en un mot sur le terrain privé de chaux, c'est là même que sera évident un accroissement notable de la taille. On a observé, par exemple, dans l'Aveyron, dans plusieurs endroits qui présentent le sol granitique, une certaine amélioration dans le développement physique à mesure qu'on y introduisait des engrais calcaires. Si enfin on veut prendre en considération ce fait que les départements qui se distinguent par la grande taille de leurs habitants, ont en majeure partie le sol calcaire, et que par conséquent les engrais calcaires y sont inutiles, on en vient à cette conclusion, que dans ces départements l'influence de ces causes héréditaires rencontre moins d'obstacles et peut être remarquée.

En effet, dans les trente départements aux habitants ayant une grande taille la proportion des petits avait augmenté de 40 pour 1000 qu'elle était en 1850-1854 à 42 pour 1000 en 1855-1860. Quant aux départements dont les habitants sont de petite taille, on y observe la prépondérance du sol argileux et sablonneux, par conséquent les engrais calcaires y constituent une condition nécessaire pour faire progresser l'agriculture. C'est dans ces départements que se produit l'accroissement de la taille qui rend insaisissable le second maximum. En effet, nous trouvons dans ces derniers départements, excepté ceux qui sont en arrière dans l'agriculture, une diminution dans la proportion des exemptés pour défaut de taille. Nous pensons que ces observations aussi bien que les critiques exposées plus haut expliquent facilement les faits relatifs à la taille.

Maintenant il nous reste à démontrer l'influence de la sélection militaire dans d'autres pays. Dans ce but nous allons déterminer en théorie les périodes de la plus grande proportion des exemptés et après nous les comparerons à la réalité.

Il est facile de déterminer l'époque du maximum de la détérioration physique à cause d'une guerre donnée. Supposant que l'âge moyen des soldats tués est de 26 ans et que la fécondité la plus active survient à 34 ans, nous constatons que la détérioration physique la plus notable aura lieu dans la nouvelle génération qui va naître dans 8 ans (34-26) et dans les recrues qui vont se présenter dans 28 ans (8+20). Le premier maximum se reproduira de nouveau dans 34 ans, lorsque les recrues de cette classe auraient atteint l'âge de la fécondité la plus active, dans 14 ans, et leurs enfants se présenteront devant les conseils de révision dans 20 ans. Se servant de ces indications, on peut déterminer les maxima théoriques pour la Prusse par suite de la guerre de Sept ans. Le premier maximum serait en 1788, le second en 1822, le troisième en 1856. Comme conséquence de la guerre de 1793, le premier maximum serait en 1821, le second en 1855. La guerre de 1806 produit la plus grande détérioration physiologique parmi les recrues en 1834 et en 1868; enfin les guerres de 1813-1815, en 1841 et en 1874. Par conséquent, les maxima de notre siècle tombent sur les années 1821-1834, 1841, 1856 et 1868.

*De facto*, en Prusse, les maxima de détérioration coïncident avec les années 1831 (37,2 pour 100), 1840 (38,2 pour 100); puis à partir de 1852 (37,4 pour 100) la proportion des exemptés augmente régulièrement et atteint jusqu'à 44,7 pour 100 en 1860.

Il est vrai que nous n'avons qu'une coïncidence approximative des maxima théoriques avec ceux que nous voyons *de facto*, mais aussi les points de repère dont nous nous sommes servi n'étaient qu'approximatifs. Nous avons supposé que l'âge moyen des soldats était de 26 ans; c'était l'âge des soldats et des sous-officiers en France en 1868, par conséquent pour les recrues de 20 ans qui restaient au service pendant 6 ans. Il est évident que les soldats des troupes prussiennes de 1806 étaient plus âgés, vu qu'en Prusse le recrutement se faisait à tous les âges et le service était très-long. Supposant même que l'âge moyen des soldats dans ce cas était de 28 ans, nous trouvons que le premier maximum de la guerre de 1806 coïncide avec l'année 1831, ainsi que cela a eu lieu effectivement. Quant aux deux maxima théoriques de 1854 et de 1865, *de facto* il n'existe qu'un seul maximun de 1860. Ce maximum qui occupe une place entre les deux maxima théoriques pourrait bien être la réunion de ces deux maxima en un seul. Nous y avons un phénomène tout à fait analogue à l'interférence. En effet, en représentant l'augmentation théorique à l'aide des lignes, nous trouvons que deux accroissements avec des maxima en 1854-1865 se touchent; les mouvements ayant une même direction peuvent être additionnés : ces deux lignes se réunissent et ne forment plus qu'une seule ligne commune, dont la hauteur tombera dans l'intervalle des deux hauteurs primitives (1). Dans ce cas nous obtenons une coïncidence parfaite des maxima théorique et réel.

La Saxe avait eu sa part dans les mêmes guerres que la Prusse, par conséquent le mouvement général de la proportion des exemptés y doit être identique. En effet, nous voyons que le nombre des exemptés s'accroît de 34 pour 100 qu'il était en 1832 jusqu'à 42 pour 100 en 1841, puis tombe à 36 pour 100. Dans la période de 1852-1853, la proportion des exemptés s'accroît graduellement jusqu'à 52,5 pour 100 ; mais nous ignorons la direction que suivent ces oscillations après cette époque.

Il n'est pas douteux que l'accroissement dont il s'agit dépend aussi d'autres causes, car les proportions de cet accroissement ne sauraient être expliquées par l'influence de la sélection militaire seule ; mais les époques de l'accroissement démontrent que les guerres précédentes y avaient apporté leur part d'action.

Dans le Wurtemberg les oscillations dans la proportion des exemptés sont excessivement brusques et on ne saurait faire aucune conclusion.

Dans la Suède on peut aussi démontrer l'existence de la détérioration physiologique à la suite des guerres. Nous avons vu que la longévité diminue en Suède, ce qui est, à notre avis, un signe de régression. Mais, afin de prouver que la cause de ce fait est en dépendance de l'histoire des guerres suédoises, il faut démontrer qu'on trouve la plus faible proportion des vieillards à l'époque où nous trouvons une diminution rapide dans le nombre quand arrivent à cet âge les générations ayant la plus grande proportion des infirmes. C'est ce que nous essayerons de faire.

---

(1) Cela est d'autant plus probable que depuis 1849 (34,5 pour 100) jusqu'à 1860 (44,7 pour 100) l'augmentation est extrêmement grande ; par conséquent elle devait se faire sous l'influence de plusieurs causes agissant simultanément.

La guerre de Trente ans était la première guerre importante à laquelle les Suédois prirent part. Ils avaient combattu en Allemagne depuis 1630 jusqu'à 1648. Supposons que les pertes durant cette guerre avaient eu lieu en 1639, puisque cette année occupe le milieu de la période. Si les soldats suédois avaient en moyenne 26 ans (probablement ils étaient plus âgés), dans 8 ans, c'est-à-dire en 1647, il y aurait la plus grande proportion des nouveau-nés ayant pour pères des hommes exemptés du service militaire pour diverses infirmités. Or, ces nouveau-nés arriveront à l'âge au-dessus de 90 ans dans l'espace de 96 ans ou bien en 1743, et c'est à cette époque que parmi les vieillards existera une plus grande proportion des infirmes. Les maxima suivants auront lieu en 1778, 1813, etc. Par conséquent, le commencement de l'influence de la guerre de Sept ans se trouve au-delà des limites de notre période. Les années, où se répètent les maxima de cette influence, coïncident en partie avec la [détérioration provoquée par les guerres de Charles XII.

La guerre de 1654-1666 donne la plus grande détérioration parmi les hommes âgés de plus de 90 ans en 1764, puis en 1798, etc.; les guerres de 1697, 1718, en 1812, 1846, etc. Il est à remarquer cependant que ces guerres donnent un maximum de détérioration parmi les hommes encore en 1778, car vers cette époque atteignent l'âge de 96 ans les générations parmi lesquelles a été recrutée l'armée qui avait subi des pertes en 1697-1718. Cette influence de la sélection militaire pour ainsi dire en première instance n'atteint pas les femmes, dont l'état physique ne souffre de cette influence qu'en tant que les pères transmettent aux enfants leurs qualités physiques détériorées par l'élimination des hommes robustes et valides. Conformément aux indications théoriques mentionnées ci-dessus, nous trouvons une diminution proportionnelle des vieillards. Les femmes âgées au-dessus de 90 ans formaient 10,4 pour 10000 en 1751 ; cette proportion tombe à 7 en 1763, à 4,4 en 1780 ; elle est de 5,3 en 1790 et tombe à 2,7 en 1800. La proportion des hommes âgés de plus de 90 ans diminue de 6,6 pour 10 000 en 1751 jusqu'à 4 en 1766, et de 4,5 qu'elle était en 1769 à 2,7 en 1775. Enfin de 3,4 qu'elle était en 1790 elle tombe à 1,3 en 1800.

Afin de pouvoir juger jusqu'à quel point les maxima théoriques et réels s'accordent, il suffit de voir le tableau graphique page 47.

En résumé nous avons le droit de dire :

1° Que les opinions qui existaient jusqu'à présent à ce sujet sont contradictoires et ne présentent pas de faits à l'appui;

2° Que la sélection militaire existe non-seulement comme une tendance, mais que son influence nocive peut être observée;

3° Que la détérioration apportée par cette influence est très-grande.

Une fois l'existence et les proportions de la sélection militaire posées, nous devons répondre à cette question : Quelles en sont les conséquences historiques? Les propriétés physiques d'une nation donnée exerçant une influence sur sa vie politique et sa culture, les conséquences historiques des guerres, en tant qu'elles déterminent l'existence de la sélection militaire, sont extrêmement importantes. Nous sommes disposé à l'envisager comme un âge historique important dont la signification et le rôle dans la vie des sociétés humaines n'ont pas été assez étudiés jusqu'à présent. C'est ce qui va être l'objet de notre part de publications ultérieures. Pour le moment, avant de finir, nous voulons indiquer en peu de mots l'une des causes de la dégénérescence physiologique des nations civilisées c'est le développement de l'industrie des manufactures. Bischoff y voit un agent de progrès physiologique; mais toutes les recherches sont contraires à cette manière de voir et démontrent que la vie des fabriques exerce une influence des plus pernicieuses sur la santé populaire. Nous empruntons à ce sujet à l'article RECRUTEMENT dans le *Dictionnaire médical* les opinions suivantes des médecins militaires.

Le docteur Parne dit que dans le département de l'Aude « les scrofules se rencontrent principalement dans les districts des manufactures de Carcassonne et de Limoux. » Bossard attribue la faiblesse de la constitution des habitants des Ardennes, en majeure partie à l'influence de l'industrie pernicieuse dont s'occupe la population. Sur le haut Rhin, d'après M. Muller, « les cantons agricoles suggèrent à l'armée des hommes bien constitués nécessaires pour la cavalerie. Au contraire, les cantons industriels donnent des hommes anémiques. » Poter exprime cette opinion que la population des cantons qui s'occupent exclusivement de l'industrie avait subi une dégénérescence physique. Dans le département du Rhône, « les cantons industriels donnent comparativement le plus grand nombre des exemptés. »

Le statisticien renommé M. Engel présente des démonstrations encore plus probantes touchant les recrutements de 1852, 1853 et 1854 en Saxe. Dans les villes on trouve 56 pour 100 d'exemptés, dans les campagnes 51 pour 100. En examinant l'état physiologique dans les diverses professions, M. Engel avait trouvé que les laboureurs, les gens qui s'occupent de produits bruts et de consommation donnent 46 pour 100 et 49 pour 100 d'exemptés ; les menuisiers, les maçons et autres ouvriers en bâtiments, 51 pour 100 ; les ouvriers de la petite industrie 53 pour 100 d'exemptés ; le pour 100 des journaliers exemptés va à 54 et celui des ouvriers de fabriques à 57 pour 100. Puis viennent les artistes (63 pour 100), les gens sans profession (65 pour 100), les marchands (70 pour 100), les savants (80 pour 100) et les employés dans les maisons des particuliers (83 pour 100), qui sont presque tous incapables pour le service militaire. Nous voyons que l'agriculture est la meilleure occupation au point de vue de la santé. De là cette conclusion que la diminution de la proportion des laboureurs amène par elle-même une détérioration physiologique dans l'état de la nation en général, et ce fait est effectivement observé dans ce moment. Ainsi, en Saxe, à l'époque de 1849, 22 pour 100 d'habitants s'occupaient de l'agriculture, de la culture des bois, de l'horticulture, de la chasse, de la pisciculture et de la culture des raisins ; en 1871 ces branches d'industrie n'étaient cultivées que par 16 pour 100, tandis que le nombre des marchands doubla pendant ce temps ; notamment il s'éleva de 5,8 pour 100 à 10 pour 100. Le nombre des mineurs, des ouvriers en manufactures, des ouvriers en bâtiments, s'éleva de 46 pour 100 à 52 pour 100. Le même fait s'observe dans d'autres pays, par conséquent partout il y a tendance à la détérioration rien que par le changement du genre de travail.

Il est à remarquer cependant, pour ne pas se laisser entraîner dans l'exagération, que la population agricole ne sera pas partout la plus robuste. Ainsi les sept départements francais de la Haute-Loire, des Hautes et Basses-Alpes, du Lot, de la Lozère, du Jura et des Pyrénées-Orientales, départements agricoles par excellence, donnent en moyenne 36 pour 100 d'exemptés, c'est-à-dire 2 pour 100 en plus que toute la France en général. Mais c'est que dans ces départements le sol est pauvre et le climat peu favorable ; en moyenne dans ces sept départements il n'y a que 194 jours favorables pour les travaux champêtres, tandis qu'en général dans toute la France le nombre de ces jours est de 226. On comprend alors facilement que l'absence d'autres moyens d'industrie dans le pays où le laboureur n'a à sa disposition que 194 jours de travail et où le sol est mauvais, doit occasionner la pauvreté et la misère. Dans le département des Pyrénées-Orientales, où le nombre des jours est plus grand (230), le pour 100 des exemptés est moins élevé (26 pour 100). Il est aussi à noter qu'en dehors de ces conditions, dans les départements énumérés la proportion des exemptés augmente par l'existence du goître. Cette difformité est exclusivement propre aux pays montagneux et se rencontre dans les vallées profondes et au pied des montagnes. Nous y trouvons en 1859-1868 24,8 goîtreux pour 1 000 recrues, et en France en général 9,6 pour 1 000. Dans ces conditions le développement de l'industrie des fabriques ne saurait donner que de bons résultats, venant à l'aide d'une population pauvre et dépourvue de moyens d'amélioration de son état matériel. En général on ne pourrait faire d'objection sérieuse si les richesses accumulées à l'aide du progrès de l'industrie des manufactures présentaient une distribution plus égale. Mais dans les conditions de la production d'aujourd'hui la question se présente à nous sous cette forme. La diminution dans le nombre des classes agricoles constitue une conséquence fatale du progrès dans le domaine de l'agronomie et surtout dans la mécanique agricole ; ce fait en amène un autre non moins fatal, la détérioration physiologique de la population. Où va s'arrêter ce mouvement ? quelles en seront les conséquences sociales et politiques, c'est-à-dire quelle en sera l'influence sur la marche du développement intellectuel et le sort historique de chaque nation ? C'est là une question très-complexe et que nous ne prenons pas sur nous de résoudre.

En effet, d'une part, nous voyons la perspective de la détérioration physiologique croissante, ce qui doit inévitablement affaiblir les moyens de la lutte politique ; d'une autre, le développement de la science et de l'industrie donne de nouveaux moyens tendant à ce but ; et il serait difficile de dire, en général, laquelle de ces deux tendances va prendre le dessus.

www.ingramcontent.com/pod-product-compliance
Lightning Source LLC
Chambersburg PA
CBHW032304210326

41520CB00047B/1895